国防科技图书出版基金

空间特殊轨道理论与设计方法
Theory and Design Method of Special Space Orbit

张雅声　徐艳丽　周海俊　著

国防工业出版社
·北京·

图书在版编目（CIP）数据

空间特殊轨道理论与设计方法/张雅声,徐艳丽,
周海俊著.—北京:国防工业出版社,2015.1
ISBN 978-7-118-09728-3

Ⅰ.①空… Ⅱ.①张… ②徐… ③周…
Ⅲ.①空间－轨道－研究 Ⅳ.①V412.4

中国版本图书馆 CIP 数据核字(2014)第 246351 号

※

国防工业出版社 出版发行

（北京市海淀区紫竹院南路 23 号 邮政编码 100048）
北京嘉恒彩色印刷有限责任公司
新华书店经售

＊

开本 710×1000 1/16 印张 13½ 字数 220 千字
2015 年 1 月第 1 版第 1 次印刷 印数 1—2500 册 定价 65.00 元

（本书如有印装错误，我社负责调换）

国防书店：(010)88540777　　　发行邮购：(010)88540776
发行传真：(010)88540755　　　发行业务：(010)88540717

致 读 者

本书由国防科技图书出版基金资助出版。

国防科技图书出版工作是国防科技事业的一个重要方面。优秀的国防科技图书既是国防科技成果的一部分,又是国防科技水平的重要标志。为了促进国防科技和武器装备建设事业的发展,加强社会主义物质文明和精神文明建设,培养优秀科技人才,确保国防科技优秀图书的出版,原国防科工委于1988年初决定每年拨出专款,设立国防科技图书出版基金,成立评审委员会,扶持、审定出版国防科技优秀图书。

国防科技图书出版基金资助的对象是:

1. 在国防科学技术领域中,学术水平高,内容有创见,在学科上居领先地位的基础科学理论图书;在工程技术理论方面有突破的应用科学专著。

2. 学术思想新颖,内容具体、实用,对国防科技和武器装备发展具有较大推动作用的专著;密切结合国防现代化和武器装备现代化需要的高新技术内容的专著。

3. 有重要发展前景和有重大开拓使用价值,密切结合国防现代化和武器装备现代化需要的新工艺、新材料内容的专著。

4. 填补目前我国科技领域空白并具有军事应用前景的薄弱学科和边缘学科的科技图书。

国防科技图书出版基金评审委员会在总装备部的领导下开展工作,负责掌握出版基金的使用方向,评审受理的图书选题,决定资助的图书选题和资助金额,以及决定中断或取消资助等。经评审给予资助的图书,由总装备部国防工业出版社列选出版。

国防科技事业已经取得了举世瞩目的成就。国防科技图书承担着记载和弘扬这些成就,积累和传播科技知识的使命。在改革开放的新形势下,原国防科工委率先设立出版基金,扶持出版科技图书,这是一项具有深远意义的创举。此举势必促使国防科技图书的出版随着国防科技事业的发展更加兴旺。

设立出版基金是一件新生事物，是对出版工作的一项改革。因而，评审工作需要不断地摸索、认真地总结和及时地改进，这样，才能使有限的基金发挥出巨大的效能。评审工作更需要国防科技和武器装备建设战线广大科技工作者、专家、教授，以及社会各界朋友的热情支持。

让我们携起手来，为祖国昌盛、科技腾飞、出版繁荣而共同奋斗！

国防科技图书出版基金

评审委员会

前　言

空间轨道是天体在太空中运行的路线，又称为轨迹，简称为轨道，包括发射轨道、运行轨道和再入轨道。空间轨道理论则是空间轨道设计所遵循的原理和方法，而空间轨道设计是航天器设计的关键技术之一。

轨道设计受到航天器轨道动力学、空间环境、任务要求、有效载荷性能等多种因素的影响，而轨道设计理论则远在第一颗人造地球卫星上天之前就已经被提出来了。随着人类对太空应用需求的不断拓展以及航天技术的不断发展，那些经典的轨道理论和轨道设计方法已经越来越不能满足新型航天任务的需求，迫切需要研究提出一些能够符合新型航天任务需要、有效发挥先进航天技术优势的新型空间轨道理论。本书就是针对这些需求，结合近十年研究成果撰写的。

本书主要分为两大部分 8 个章节，其中第一部分为第 1 章和第 2 章，主要是概述回归轨道、太阳同步轨道、冻结轨道、逗留轨道等经典轨道类型及其设计方法，并提出本书的重点研究内容——空间特殊轨道的概念、类型和应用领域；第二部分为第 3 章～第 8 章，分别对悬停轨道、螺旋巡游轨道、多目标交会轨道、主动接近轨道、快速响应轨道和极地驻留轨道 6 种特殊的空间轨道的概念、特点、设计方法及其应用进行具体介绍。

本书的主要内容均来源于研究团队多年的研究成果，李智教授、王磊副教授、徐晓静硕士、周海俊博士、李远飞硕士等都为本书做出了重要贡献，在此表示衷心的感谢！

由于轨道设计理论涉及面广，并随着航天应用的拓展而不断发展，加之作者的认识水平有限，文中难免有不当和遗漏之处，诚请读者批评指正！

本书可作为从事航天发展战略研究和航天技术研究与工程技术人员的技术参考书，也可以作为高等院校航空宇航科学与技术学科研究生的教学参考书。

作　者

2014 年 1 月

目　录

Contents

第1章　典型轨道概述

航天器的运行轨道直接决定了空间任务的观测几何、运行环境,往往也决定了有效载荷的性能。自 1957 年第一颗人造卫星上天以后,人类不断探索航天任务与航天器轨道之间的关系,回归轨道、太阳同步轨道、冻结轨道、逗留轨道等轨道概念不断被提出,并应用于通信、导航、侦察、气象探测等航天任务中。这些轨道独特的优势与应用经过诸多航天任务的考验,已经在世界范围内得到了认可,一般可称之为典型轨道。

本章对回归轨道、太阳同步轨道、冻结轨道、逗留轨道 4 种典型轨道的概念、特点及其应用领域进行简单论述。

1.1　回归轨道

在诸多航天器中,侦察遥感卫星和导弹预警卫星担负着对热点地区的探测、预警,通信卫星需要完成对特定区域的通信支持,这些使得回归轨道成为航天任务中最常用到的轨道类型。地球同步轨道则是一种约束条件更为严格的特殊的回归轨道。在回归轨道上运行的卫星,每经过一个回归周期,卫星重新依次经过各地上空,这样就可以对覆盖区域进行动态监视,借以发现这段时间内目标的变化。

1.1.1　回归轨道的定义

回归轨道是指星下点轨迹周期性重复的航天器轨道,重复的时间间隔称为回归周期,而航天器沿轨道运行一圈的时间称为轨道周期。

地球自转和轨道平面受摄情况下的进动使得航天器轨道平面相对于地球上特定经度线在不断旋转。其中,地球自转使得航天器轨道平面相对于地球有 ω_e 的进动角速度;地球摄动,尤其是地球非球形摄动的影响,使得航天器轨道平面产生角

速度为 $\dot{\Omega}$ 的进动。两项相加,可以得到航天器轨道平面相对于地球的运动角速度为 $\omega_e + \dot{\Omega}$,则轨道平面相对于地球上特定经度线旋转一周的时间间隔为

$$T_e = \frac{2\pi}{|\omega_e + \dot{\Omega}|} \tag{1.1}$$

在一个恒星日中,地球自转一圈,即 360°;假设航天器轨道周期为 T 小时,若存在互质正整数 D 与 N 满足

$$NT = DT_e \tag{1.2}$$

则航天器经过 D 天,正好运行 N 圈后,其地面轨迹开始重复,这样的轨道即为回归轨道。N 和 D 分别为实现星下点轨迹重复所需要的最少圈数和天数。若 $D=1$,则星下点轨迹逐日重复,轨迹圈号自东向西依次排列。在一天内升轨和降轨分别平分赤道一次,典型的如图 1.1 所示。若 $D>1$,则星下点轨迹不逐日重复,而是每隔 D 天重复一次。

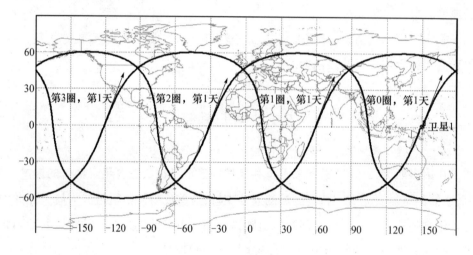

图 1.1 $N/D=4$ 对应的星下点轨迹排序

1.1.2 不同的轨道周期

在各种摄动的作用下,航天器轨道不断发生变化,对应瞬时轨道的周期亦随时间不断变化。航天器在任一时刻确定的密切轨道的周期称为密切周期,密切周期是无法直接测定的一种时间间隔。实际工作中,经常用到的是可测定的交点周期和近地点周期,分别定义为

交点周期:卫星连续两次经过升交点的时间间隔。

近地点周期:卫星连续两次经过近地点的时间间隔。

不考虑摄动因素的影响情况下,密切轨道与实际轨道重合,密切周期、交点周期和近地点周期等价,均为

$$T = 2\pi \sqrt{\frac{a^3}{\mu}} \tag{1.3}$$

但是,在考虑摄动的情况下,3 种周期则彼此各不相同。

交点周期的积分表达式为

$$T_\Omega = \int_0^{2\pi} \left(\frac{\mathrm{d}t}{\mathrm{d}u}\right) \mathrm{d}u \tag{1.4}$$

式中:u 为纬度幅角或者是升交点幅角。

仅考虑 J_2 项摄动时,将上式进行展开变换,并保留到 $O(J_2 e^2)$ 项,可以得到交点周期与密切周期之间的转换关系为

$$T_\Omega = T_0 \Big\{ 1 - \frac{3J_2}{8a^2} \big[(12 + 34e^2) - (10 + 20e^2)\sin^2 i -$$

$$(4 - 20\sin^2 i)e\cos\omega + (18 - 15\sin^2 i)e^2\cos 2\omega \big] \Big\} \tag{1.5}$$

式中:T_0 和 a、e、i、ω 为 $u = 0$(即升交点)时刻对应的密切周期和航天器的密切轨道根数。

近地点周期的积分表达式为

$$T_\omega = \int_0^{2\pi} \left(\frac{\mathrm{d}t}{\mathrm{d}M}\right) \mathrm{d}M \tag{1.6}$$

式中:M 为平近地点角。

仅考虑 J_2 项摄动时,将上式进行展开变换,并保留到 $O(J_2 e^2)$ 项,可以得到近地点周期与密切周期之间的转换关系为

$$T_\omega = T_0 \left[1 - \frac{3J_2}{2a^2}(1 - e)^{-3} \left(1 - \frac{3}{2}\sin^2 i + \frac{3}{2}\sin^2 i\cos 2\omega \right) \right] \tag{1.7}$$

式中:T_0 和 a、e、i、ω 为 $M = f = 0$(即近地点)时刻对应的密切周期和航天器轨道根数。

1.1.3 地球静止轨道及其应用

|地球静止轨道(Geostationary Earth Orbit,GEO)是一种 1 天绕地球运行 1 圈的特殊回归轨道,即轨道周期为 1 天、回归周期也为 1 天。地球静止轨道是一条轨道高度为 35786km、轨道倾角为 0°的圆轨道。此时,运行在地球静止轨道上的卫星相对地球表面静止,即 GEO 卫星将定点于地球赤道上空的某一个点,如图 1.2 所示。

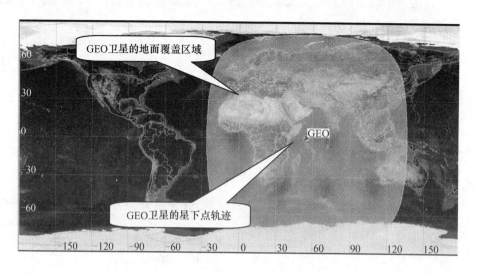

图 1.2　地球静止轨道的星下点轨迹和覆盖区域

其实,GEO 卫星并非"挂"在天上不动,其运行速度为 3.07km/s。由于它绕地轴的角速度和地球自转角速度大小相等、方向相同,因此,GEO 卫星是相对于地面静止的而已。从理论上讲,地球静止轨道只有一条,在这条轨道上已有许多卫星在运行,它们分布在不同地理经度的赤道上空。每颗 GEO 卫星的定点位置就是它进入地球静止轨道那一瞬间卫星所处的地理经度。地球静止轨道的定位精度要求很高,稍有偏差,卫星就会漂移。如果产生南北向漂移,则轨道倾角将不为 0°,此时轨道平面不与赤道平面重合,这时卫星每天沿纬度方向摆动一次,星下点轨迹呈南北向的"8"字形。

一颗地球静止轨道卫星可以覆盖地球表面约 40% 的区域,3 颗沿赤道等间距分布的地球静止轨道卫星就可以覆盖除南北两极地区外的全球所有区域。由于地球静止轨道卫星相对地面不动,地球站天线极易跟踪。一般情况下,通信卫星、广播卫星和气象卫星选用这种轨道较为有利。

地球静止轨道是迄今为止应用最多的一种轨道,但是,考虑到地球静止轨道卫星正常工作条件限制以及安全性等因素,对于受控卫星而言,《无线电规则》要求 GEO 卫星的位置保持精度不能大于 ±1°,则两颗 GEO 卫星间的轨道间隔就需要保持在 2° 以上;1979 年又进一步要求其浮移不大于 ±0.1°。随着航天技术水平的提高,目前可以在更小的经度间隔内部署 GEO 卫星。图 1.3 给出的就是截至 2012 年 12 月底,欧空局(ESA)给出的 GEO 轨道受控航天器的空间分布图。

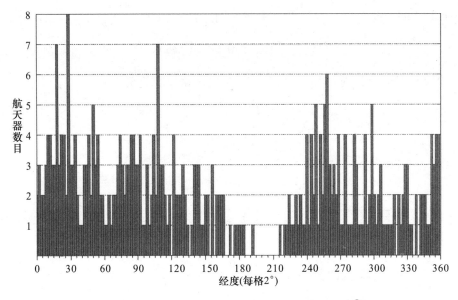

图 1.3　GEO 轨道航天器(受控卫星)的空间分布[①]

1.2　太阳同步轨道

顾名思义,太阳同步轨道与太阳密切相关。众所周知的资源卫星、气象卫星、海洋卫星等均采用太阳同步轨道,如美国"伊克诺斯"卫星、法国的"太阳神"侦察卫星等就采用的是太阳同步轨道。

1.2.1　太阳同步轨道的定义

太阳同步轨道是航天器轨道平面的进动角速度与平太阳在赤道上移动的角速度相等的轨道。

航天器轨道面在地球非球形摄动的影响下,以 $\dot{\Omega}$ 的角速度进动,如果只考虑 J_2 的长期摄动,则 $\dot{\Omega}$ 可用下式表示:

$$\dot{\Omega} = -\frac{9.97}{(1-e^2)^2}\left(\frac{R_e}{a}\right)^{3.5}\cos i\ (度/天) \tag{1.8}$$

平太阳沿赤道作周年视运动,它连续两次通过春分点的时间间隔为一个回归

---

① Classification of Geosynchronous objects, issue 15[R]. European Space Agency, European Space Operations Center,2013.

年,回归年的长度为365.2422平太阳日。因此,平太阳在赤道上移动的角速度为

$$\frac{360}{365.2422} = 0.9856(°/d)$$

根据太阳同步轨道的定义,可列出太阳同步轨道的关系式,即

$$-\frac{9.97}{(1-e^2)^2}\left(\frac{R_e}{a}\right)^{3.5}\cos i = 0.9856 \qquad (1.9)$$

当轨道偏心率 $e = 0$ 时,卫星轨道为圆轨道,上式可化简为

$$-9.97\left(\frac{R_e}{a}\right)^{3.5}\cos i = 0.9856 \qquad (1.10)$$

由此就可以得到太阳同步圆轨道半长轴与轨道倾角的关系。可见,太阳同步轨道的轨道倾角永远大于90°。

1.2.2 太阳同步轨道的特点

运行在太阳同步轨道上的航天器从同方向飞经同纬度的地方平太阳时或者是太阳高度角相等,这样就为与太阳有密切关系的卫星轨道选择提供了便利条件。如可见光侦察卫星采用太阳同步轨道,就可以保证每次升轨(或者降轨)经过特定目标区域的时候,都具有较好的光照条件,从而保证较好的光学侦察效果。

太阳高度角定义为太阳方向与卫星星下点所在当地水平面的夹角。假定太阳与地球相距无穷远,视太阳光为平行光。如图1.4所示,S 为卫星星下点,O_e 为地球质心,p 为过卫星星下点的当地水平面。

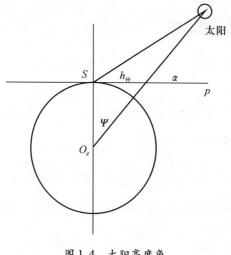

图1.4 太阳高度角

根据太阳高度角定义,卫星星下点的太阳高度角为 h_Θ。由于太阳光为平行

光,它对平面 p 上任何一点的入射角均是相等的,因此

$$h_{\Theta} = \alpha = \frac{\pi}{2} - \Psi \tag{1.11}$$

根据球面三角形公式,可得

$$\sin h_{\Theta} = \cos\Psi = \sin\delta\sin\delta_{\Theta} + \cos\delta\cos\delta_{\Theta}\cos(\alpha_{\Theta} - \alpha) \tag{1.12}$$

已知平太阳运行在赤道平面上,因此有 $\delta_{\Theta} = 0$,所以上式可变换为

$$\sin h_{\Theta} = \cos\delta\cos(\alpha_{\Theta} - \alpha) \tag{1.13}$$

如图 1.5 所示,航天器连续两圈降轨(轨道运行一个周期 T)经过同一纬度圈,与纬度圈的交点分别为 S_1、S_2,航天器过 S_1、S_2 点时对应的轨道升交点分别为 N_1、N_2,对应的平太阳的位置分别为 Θ_1、Θ_2。

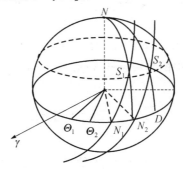

图 1.5　卫星同方向经过同纬度地区示意图

由球面三角形公式可知,S_1、S_2 点的赤经 α_1 和 α_2 可由轨道倾角与当地的纬度确定,即

$$\alpha_1 - \alpha_{N1} = a\sin\left(\frac{\cos i}{\cos\delta}\right) \tag{1.14}$$

$$\alpha_2 - \alpha_{N2} = a\sin\left(\frac{\cos i}{\cos\delta}\right) \tag{1.15}$$

式中:α_{N1} 和 α_{N2} 分别为 N_1 和 N_2 点的赤经。

式(1.15)减去式(1.14),可得

$$\alpha_2 - \alpha_1 = \alpha_{N1} - \alpha_{N2} \tag{1.16}$$

由太阳同步轨道的定义可知:

$$\alpha_{N1} - \alpha_{N2} = \alpha_{\Theta2} - \alpha_{\Theta1} \tag{1.17}$$

式中:$\alpha_{\Theta2}$、$\alpha_{\Theta1}$ 为 Θ_1、Θ_2 点对应的赤经。

所以,可得

$$h_{\Theta1} = h_{\Theta2} \tag{1.18}$$

1.2.3 太阳同步回归轨道及其应用

太阳同步轨道的设计一般分为两步:①设计轨道高度,对于圆轨道来说就是设计轨道长半轴,如何设计轨道高度一般取决于卫星总体设计的覆盖要求、分辨率要求以及覆盖周期的选择,当轨道高度确定以后,轨道倾角也就随之确定了;②设计升交点赤经,也就是确定适当的发射时间,使得卫星轨道与太阳的相对位置满足一定的要求,对太阳同步轨道而言,主要是满足太阳高度角的要求。

在实际应用中,更为常用的是将太阳同步轨道与回归轨道相结合,称为太阳同步回归轨道。太阳同步回归轨道的设计主要分为以下3步:

(1)确定轨道周期,满足回归条件:$T = D$ 平太阳日$/N$,其中 N 为 D 个平太阳日内卫星飞行的圈数。

(2)根据轨道周期公式式(1.3),计算轨道长半轴。

(3)根据太阳同步轨道的约束条件式(1.10),确定轨道倾角。

1.3 冻结轨道

冻结轨道也称为拱线静止轨道。冻结轨道与太阳同步轨道类似,有许多有用的性质,诸如:冻结轨道的形状保持不变;冻结轨道的近地点幅角保持在90°;航天器从同方向飞越同纬度地区上空的高度不变。这些性质对于考察地面或进行垂直剖面内的科学测量非常有利。

1.3.1 冻结轨道的定义

地球的非球形摄动使得航天器轨道面在惯性空间有旋转运动,即轨道面的进动和拱线的旋转。冻结轨道是指轨道长半轴指向(即拱线方向)不变的轨道,即偏心率和近地点幅角不变的轨道。因此,该种类型的轨道应该具有以下特点:

$$\begin{cases} \dfrac{\mathrm{d}\omega}{\mathrm{d}t} = 0 \\ \dfrac{\mathrm{d}e}{\mathrm{d}t} = 0 \end{cases} \qquad (1.19)$$

如果只考虑 J_2 的长期摄动,则上述方程可描述为

$$\begin{cases} \dfrac{\mathrm{d}\omega}{\mathrm{d}t} = \dfrac{3nJ_2 a_E^2}{a^2(1-e^2)^2}\left(1 - \dfrac{5}{4}\sin^2 i\right) = 0 \\ \dfrac{\mathrm{d}e}{\mathrm{d}t} = 0 \end{cases} \qquad (1.20)$$

式中:n 为轨道平均角速度;a_E 为地球长半轴;a 为轨道长半轴;e 为偏心率;i 为轨道倾角。

若使拱线不发生转动,则由式(1.20)的第一式可知:
$$i = 63.4° \text{或} 116.4°$$
而 63.4°和 116.4°就称为临界倾角。

若考虑 J_2、J_3 摄动影响,则要求

$$\begin{cases} \dfrac{\mathrm{d}\omega}{\mathrm{d}t} = \dfrac{3nJ_2 a_E^2}{a^2(1-e^2)^2}\Big(1 - \dfrac{5}{4}\sin^2 i\Big)\Big[1 + \dfrac{J_3 a_E}{2J_2 a(1-e^2)} \dfrac{(\sin^2 i - e\cos^2 i)\sin\omega}{e\sin i}\Big] = 0 \\ \dfrac{\mathrm{d}e}{\mathrm{d}t} = \dfrac{-3na_E^3 J_3 \sin i}{2a^3(1-e^2)^2}\Big(1 - \dfrac{5}{4}\sin^2 i\Big)\cos\omega = 0 \end{cases} \tag{1.21}$$

对上述方程组进行求解,可以得到:当 $i = 63.4°$或 116.4°时,依然满足冻结轨道的条件。此外,还可以得出:若 $\omega = 90°$和 270°时,则 $\mathrm{d}e/\mathrm{d}t = 0$,此时 i 取如下值时也可以使得轨道的拱线不发生转动。

$$1 + \dfrac{J_3 a_E}{2J_2 a(1-e^2)} \dfrac{\sin^2 i - e\cos^2 i}{e\sin i} = 0 \tag{1.22}$$

图 1.6 给出了冻结轨道偏心率与轨道高度、轨道倾角的关系图。

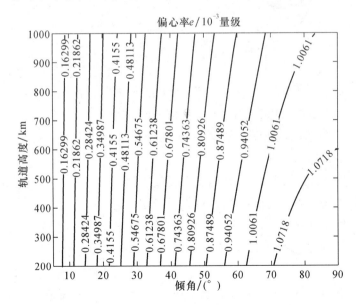

图 1.6 冻结轨道偏心率与轨道高度、轨道倾角的关系图

事实上,冻结轨道是各种常谐项平衡的结果,因此,冻结轨道的计算精度取决于带谐项取的阶数,且阶数越高,精度越高,但相应的计算工作量也随之增大。通常轨道倾角小于 50°时,只需要考虑 J_2 和 J_3 项即可;当轨道倾角大于 50°时,则还

9

需要考虑 J_3 以上的带谐项。

1.3.2　闪电轨道及其应用

闪电轨道是一类具有冻结特性的大椭圆轨道。其主要特点就是在北半球或南半球滞空时间很长。典型代表是苏联/俄罗斯的"闪电"通信卫星系列,它们为军民两用的通信卫星系列。"闪电"卫星的轨道高度为 400km × 40000km,轨道倾角为 63.4°,轨道周期为 12h,见图 1.7。

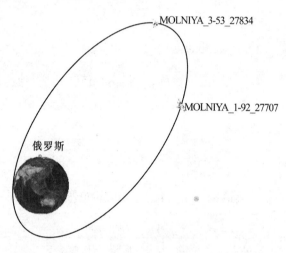

MOLNIYA_3-53_27834

MOLNIYA_1-92_27707

俄罗斯

图 1.7　"闪电"卫星

由于苏联/俄罗斯地处高纬度地区,地球静止轨道卫星无法覆盖该区域,而闪电轨道的远地点位于北半球上空,卫星运行一圈大约有 2/3 的时间处于北半球上空,且相对地球表面运动速度非常慢,便于地球站跟踪,这些特性对高纬度地区卫星通信是极为有利的。

"闪电"通信卫星从 1964 年开始发射,已经发展了三代。现役的系统为第三代"闪电"卫星,同时仍有一些第一代改进型卫星在发射。整个星座由 8 颗卫星组成,轨道面间隔 45°,为高纬度地区提供不间断通信覆盖。第一代"闪电"卫星具有军用通信载荷,卫星重约 1600kg,功率 500 ~ 700W,设计寿命 2 年,携带一台以上 40W 军用转发器。第三代"闪电"卫星主要用于国内民用通信,整星重 1750kg,功率 1200W,设计寿命 4 年。卫星带有 3 台 30W 行波管放大器,其中 2 台工作,1 台备份。上行频率 5.975 ~ 6.225GHz,下行频率 3.650 ~ 3.900GHz。天线为 C 频段全球覆盖天线,采用圆极化。早期的"闪电"卫星曾经携带气象遥感器。"闪电"卫星在冷战时期承担过美、苏总统热线通信任务。

1.4　逗留轨道

通常航天器的星下点轨迹会出现东进、西退或者逗留 3 种情况。所谓逗留，顾名思义，就是在特定区域上空长时间停留。因此，逗留轨道可用于导弹预警卫星或者通信卫星，且其重点覆盖区域可以是地球静止轨道难以覆盖到的高纬度区域。

1.4.1　逗留轨道的定义

设航天器星下点的地理经度为 $\lambda(t)$，若航天器的星下点地理经度中存在满足下述条件的点，则称该轨道为逗留轨道，这些点就称为逗留点。

$$\frac{\mathrm{d}\lambda}{\mathrm{d}t} = 0 \tag{1.23}$$

已知航天器星下点轨迹方程为

$$\lambda = \lambda_{\Omega} + \arctan(\tan u \cos i) - \omega_e t \tag{1.24}$$

式中：λ_{Ω} 为 t_0 时刻对应的升交点地理经度；u、i 分别为轨道的升交点幅角和轨道倾角；ω_e 为地球自转角速度。

对式（1.24）两侧求导，并代入式（1.23），可得

$$\frac{\mathrm{d}\lambda}{\mathrm{d}t} = \frac{\cos i}{1 - (\sin i \sin u)^2} \frac{\mathrm{d}u}{\mathrm{d}t} - \omega_e = 0 \tag{1.25}$$

由于

$$\begin{cases} \dfrac{\mathrm{d}u}{\mathrm{d}t} = \dfrac{h}{r^2} = \dfrac{\sqrt{\mu P}}{r^2} = \left(\dfrac{\mu}{a^3}\right)^{\frac{1}{2}} \dfrac{[1 + e\cos(f)]^2}{\sqrt{(1 - e^2)^3}} = \dfrac{2\pi}{T} \dfrac{[1 + e\cos(u - \omega)]^2}{\sqrt{(1 - e^2)^3}} \\ \omega_e = \dfrac{2\pi}{24} \end{cases} \tag{1.26}$$

式中：T 为航天器轨道周期（h）；f 为真近地点角；ω 为近地点幅角。

将式（1.26）代入式（1.25），可得

$$\frac{\cos i}{1 - (\sin i \sin u)^2} \frac{[1 + e\cos(\omega + f)]^2}{\sqrt{(1 - e^2)^3}} \frac{2\pi}{T} = \frac{2\pi}{24} \tag{1.27}$$

若航天器轨道为圆轨道，即 $e = 0$，则逗留点的条件变换为

$$\frac{\cos i}{1 - (\sin i \sin u)^2} = \frac{T}{24} = \frac{1}{k} \Rightarrow \sin u = \pm \frac{(1 - k\cos i)^{\frac{1}{2}}}{\sin i} \tag{1.28}$$

分析式（1.28）可得，若要该式有解，必须满足条件

11

$$\begin{cases} 0° \leqslant i \leqslant 90° \\ \cos i \leqslant \dfrac{1}{k} \\ \sin i \geqslant (1 - k\cos i)^{1/2} \end{cases} \quad (1.29)$$

将上述条件综合后,可得

$$\cos i \leqslant \min\left(k, \dfrac{1}{k}\right) \quad (1.30)$$

可见,若 $k = 4$,则存在逗留点的条件为 $73° \leqslant i \leqslant 90°$;若 $k = 1$,则存在逗留点的条件为 $i \leqslant 90°$;若 $k = 16$,则存在逗留点的条件为 $86.4° \leqslant i \leqslant 90°$。

逗留轨道上逗留点的位置为

$$\cos \varphi = \pm \sqrt{\dfrac{24}{T} \cos i} \quad (1.31)$$

对于椭圆轨道而言,若轨道长半轴 a 比较大,轨道周期 T 就比较大,比值 k 就较小,则存在逗留点的可能性大;若偏心率 e 较小,则在近地点与远地点附近出现逗留点的可能性比较大;若偏心率 e 较大,则当远地点出现逗留点时,近地点可能就不出现逗留点。

1.4.2 逗留轨道的应用

由于运行在逗留轨道上的航天器可以在逗留点附近长时间停留,此时航天器就可以对地球某条经线和纬线做巡回观测。

其实,前面介绍的地球静止轨道和闪电轨道都属于一种特殊的逗留轨道。设某闪电轨道卫星的轨道高度为 $39850.5 \text{km} \times 500 \text{km}$,轨道倾角为 $63.4°$,则逗留点位于 $89°\text{E}$,该卫星的星下点轨迹如图 1.8 所示。

该卫星的星下点经度在一个轨道周期内随时间变化的规律如图 1.9 所示。由图可知,该卫星可对 $89°\text{E}$ 经线做长时间的巡回观测。

上述逗留轨道的轨道周期为 12h。假设航天器为通信卫星,通信要求的最小仰角为 $15°$,则每个轨道周期内该通信卫星都可以为俄罗斯提供长达 11h 的通信服务,如图 1.10 所示。

由于地球静止轨道无法实现对高纬度地区的覆盖,使得高纬度地区的不间断覆盖变得很艰难,通常需要多颗卫星组成星座才能完成。利用逗留轨道可使单颗卫星在该区域上空长时间盘旋,有效减少了需要部署的卫星数量。因此,逗留轨道对于处于高纬度的国家具有非常高的应用价值。

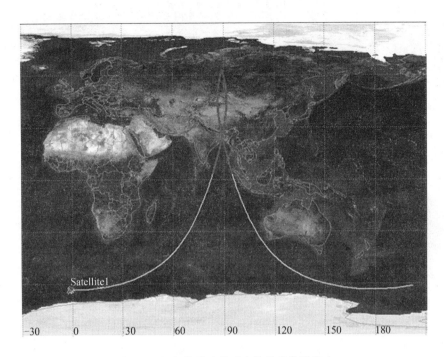

图 1.8 闪电轨道的星下点轨迹及其逗留点

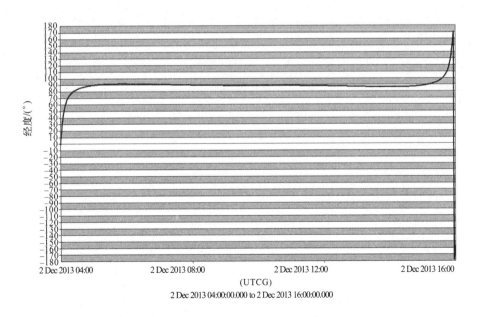

图 1.9 逗留轨道星下点轨迹经度随时间的变化曲线

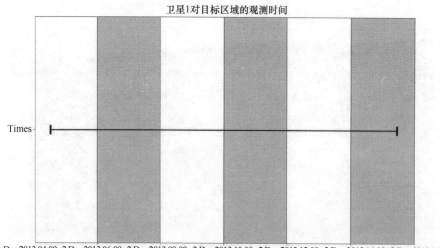

图 1.10　通信卫星对俄罗斯的有效服务时间

1.5　小　结

经过多年的航天实践检验,典型轨道的应用价值与实用性已经得到了广泛的认可,目前大部分用于执行对地观测、通信、导航等的卫星依然采用这些轨道。

事实上,本章介绍的典型轨道主要是绕地球运行、以地球为参照物的轨道,而那些飞出地球引力场,进行月球探测、行星际探测甚至银河系探测的轨道,以及以空间运行的航天器为参照物的卫星编队轨道等,本书并没有介绍。但是,这些轨道目前也已经发展得较为成熟,形成了较为成熟的轨道理论和设计方法。如果读者有兴趣,可以参考相关学术论文与书籍。

第 2 章 空间特殊轨道的概念及其应用

进入 21 世纪以来,人类的各种太空活动不断深入,尤其是天基空间目标监视、在轨服务等新型空间任务,对于具有特殊空间运动特性的轨道的需求越来越大,而传统的轨道理论和设计方法已经无法满足这些特殊应用需求。本章将给出空间特殊轨道的概念,分析其特点,并针对具体应用需求提出 6 种典型的空间特殊轨道。

2.1 空间特殊轨道的概念

航天器轨道是指航天器运行时质心运动的轨迹。按照飞行任务不同,一般可以分为人造地球卫星轨道、地月飞行轨道和行星际飞行轨道三大类。典型轨道一般均为开普勒轨道,满足限制性二体问题的基本运动方程,可以利用限制性二体问题的基本运动方程、开普勒方程等经典轨道方程进行较精确的轨道预推。

$$r = \frac{a(1 - e^2)}{1 + e\cos f} \tag{2.1}$$

式中:a 为长半轴;e 为偏心率;r 为地心距;f 为真近点角。

空间特殊轨道是相对于目前广泛应用的空间典型轨道而提出的。与典型轨道相比,空间特殊轨道的特殊性体现在以下几个方面。

2.1.1 轨道设计理念的差异

20 世纪 50 年代,伴随着人类第一颗人造地球卫星上天,航天器轨道设计理论和方法得到快速发展。此时,航天器的主要任务是对热点区域实施侦察监视、为陆海空提供通信、导航支持等,因此,在这个阶段航天器轨道设计重点关注的是航天器与地面区域之间的相对运动,采用的方法是以地球为参照物的绝对轨道设计方法,如太阳同步轨道、回归轨道、逗留轨道等。

此外,随着人类空间探索区域的不断扩展,20 世纪 60 年代,登月计划如火如荼地进行,金星、水星、火星等行星际探测也不断开展,月球探测等行星际探测轨道理论与设计方法也逐渐成熟。20 世纪 90 年代中后期,月球探测和行星际探测又进入了新的高潮,相关理论与设计方法更加成熟。

后来,随着航天技术的不断发展以及空间军事地位的不断提升,航天器在轨服务、天基空间目标监视等逐渐成为各国关注的重点。为了支撑这些任务,以航天器为参照物的相对轨道开始出现。20 世纪 90 年代,随着分布式卫星概念的提出,航天器相对运动轨道理论和设计方法被明确地提出来,并在近 20 年的时间内不断发展完善。

综上所述,目前发展较为成熟的航天器轨道理论及其对应的典型轨道如表2.1所列。

表2.1　目前发展较成熟的航天器轨道理论和设计方法

起始年代	轨道理论	典型轨道类型
20 世纪 50 年代	绝对轨道理论与 设计方法	回归轨道 太阳同步轨道 冻结轨道 逗留轨道 ……
20 世纪 60 年代	行星际轨道理论与 设计方法	月球探测轨道 (我国"嫦娥"月球探测卫星) 火星探测轨道 (美国"好奇"号火星探测器) ……
20 世纪 90 年代中后期	以航天器为参照物的相对 轨道设计方法	卫星编队 (欧空局 Cluster Ⅱ、德国 TanDEM－X/TerraSAR－X 合成孔径 雷达卫星编队)

然而,空间特殊轨道设计的指导思想和设计理念与上述经典的轨道理论和设计方法有较大的差异,并且不同任务需求会产生完全不同的空间轨道,而在设计这些特殊的空间轨道时所依据的理论、原则和方法有可能也是完全不同的。例如,悬停轨道是一种以目标航天器为参考的相对轨道;螺旋巡游轨道是一种以目标轨道为参考的相对轨道;非共面交会轨道是一种基于交会轨道平面上的多个穿越点拟合出的轨道。因此,空间特殊轨道的相关理论和设计方法必须结合具体的任务需求和轨道类型来介绍。

2.1.2 轨道控制与轨道设计相耦合

航天发展初期,由于受到空间推进、能源等诸多技术的约束,航天器轨道控制的应用是非常谨慎的,主要应用领域在以下4个方面。

1. 发射地球静止轨道卫星

由于受航天器发射场所在地理纬度的限制,地球静止轨道卫星很难直接发射入轨。发射时,一般首先将其送入轨道高度200~400km的停泊轨道;在接近赤道上空时,上面级火箭点火,熄火后卫星与火箭末级分离,卫星在赤道上空进入大椭圆转移轨道,且要求大椭圆转移轨道的近地点和远地点均在赤道上空,通常近地点的高度就是入轨点的高度,远地点的高度为地球静止轨道的高度;在大椭圆转移轨道的远地点,卫星上的远地点发动机点火,将卫星最终送入地球静止轨道(图2.1)。

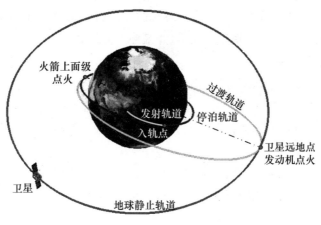

图2.1 地球静止卫星发射过程示意图

2. 轨道维持

由于受到地球非球形、大气阻力、日月引力以及太阳光压等多种摄动的影响,航天器轨道经过长时间运行之后会逐渐偏离最初的设计轨道,如图2.2所示,某历之时刻定点经度为100°E的静止轨道卫星在摄动影响下产生经度漂移。对于偏离预定轨道的卫星,此时就需要进行轨道维持。由于星上携带燃料有限,很多航天器在寿命末期,由于燃料耗尽,不得不终止服役。因此,星上轨道控制需要严格规划。

3. 地月飞行和行星际探测

以地月飞行为例。首先,月球探测器发射进入地月转移轨道(或者进入停泊轨道,然后变轨进入地月转移轨道),在这个过程中可能需要进行轨道修正;然后,当月球探测器进入月球影响球后,就必须进行轨道控制,使月球探测器从一个地球卫

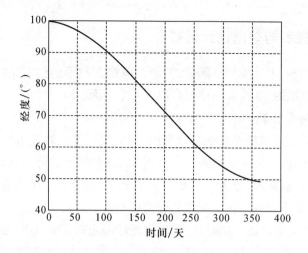

图 2.2　地球静止轨道卫星在一年内的经度漂移情况

星变成绕月球飞行的月球卫星;如果月球探测器还需要返回,就还需要进行轨道控制,使其从环月轨道进入月地转移轨道,并最终返回地球。

4. 空间交会对接

在空间交会对接中,追踪航天器要经过一系列的轨道控制和姿态控制,使其与目标航天器的相对位置和相对速度不断减小,且相对姿态角和角速度满足对接机构完成对接所需要的初始条件。空间交会对接对轨道控制和姿态控制的精度要求都很高。

在这些应用领域中,轨道控制主要用于完成初始轨道与目标轨道之间的切换,是一个中间状态,并不是轨道的最终状态;而某些空间特殊轨道则要将轨道控制作为轨道设计的一部分,也就是说,空间特殊轨道可能本身就是一种受控运行的轨道。例如,悬停轨道就必须在轨道控制系统的连续作用下,使得航天器在一段时间内与目标航天器的相对位置保持不变或仅在一个极小范围内做相对运动。

正是由于现代空间推进技术的不断发展,使得长时间、高精度、小推力控制成为可能,空间特殊轨道在设计时才可以脱离传统开普勒轨道的限制,满足在轨服务等新型空间应用需求。

2.1.3　满足特殊的空间应用需求

近 10 多年来,国内外进行了大量的新概念空间应用试验,典型的如美国已经进行的"轨道快车"(Orbital Express, OE)计划、微卫星技术试验(Micro – Satellite Technology Experiment, MiTEx)计划、"深度撞击"(Deep Impact)计划、"X – 37B"空间机动飞行器计划,以及正在开展的"凤凰"计划(Phoenix Program)等,这些试验的主要内容如表 2.2 所列。

18

表 2.2　美国近期开展的新概念空间应用试验

空间试验	试验内容
轨道快车	2007 年美国国防高级研究计划局(DARPA)进行的空间服务操作试验,主要包含 4 项内容: (1)试验能够为卫星提供服务的小型空间机器人轨道器; (2)试验能够进行升级和维修的目标卫星; (3)测试两者进行对接的星间接口; (4)对在轨卫星进行操作
微卫星技术试验	2008 年 12 月,美国国防部利用两颗深空隐蔽卫星(MiTEx)对在轨失灵的"国防支援计划"(DSP - 23)导弹预警卫星进行检查
深度撞击	北京时间 2005 年 7 月 4 日 13:2:4,美国国家航空航天局"深度撞击"计划中的撞击器在距地球 1 亿多千米外,以 10.2km/s 的相对速度,准确命中直径不到6km 的"坦普尔 1 号"彗星内核
X - 37B	2010 年—2013 年,美国空军进行的空间机动飞行器飞行试验,主要用于开展可重复使用的空间机动飞行器(SMV)机身结构、在轨机动、先进的热防护系统,以及自主进场着陆等关键技术研究,探索可在空间长时间驻留的无人空间飞行器的作战概念和能力
凤凰计划	2011 年 10 月,DARPA 提出了"凤凰"计划的概念,希望能从 GEO 废弃卫星上拆解下通信天线并加以重新利用,为美军提供更经济、更持续的天基通信服务。该计划预计在 2015 年—2016 年进行在轨演示验证

在上述空间试验中,航天器的主要目的不再是为地面提供侦察、通信、导航等信息支持,而是在空间提供灵活多样的服务,包括在轨补给、接近检查、空间拦截、快速机动和空间更换器件等。显然,这些空间服务任务如果是基于现有的典型轨道很难甚至是无法完成的。然而,空间特殊轨道则不同,它们恰恰就是针对这些特殊的空间任务来设计航天器的运行轨道的,例如:

(1)悬停轨道:针对服务航天器相对目标航天器要保持相对静止的空间任务提出的。

(2)巡游轨道:针对天基空间目标监视任务提出的。

(3)多目标交会轨道:针对一个服务航天器要同时与非共面的多个空间目标实施轨道交会提出的。

(4)主动接近轨道:针对与空间目标快速接近任务提出的。

(5)快速响应轨道:针对航天器的对地覆盖周期和访问频率高于典型轨道的任务提出的。

(6)极地驻留轨道:针对对地球两极的连续探测任务提出的。

2.2 空间特殊轨道的分类

根据具体空间应用需求,本节提出了6种空间特殊轨道。

2.2.1 悬停轨道

进入21世纪以来,随着航天技术的不断发展,每年都有大量的航天器进入空间。但是,空间环境的复杂性和不可预测性使得越来越多的航天器对在轨服务提出了需求。通常,处于正常运行轨道的航天器必须满足开普勒三定律,这就给在轨服务带来了很多问题,其中就包括服务航天器如何在被服务航天器的任意方位保持相对静止的问题。

悬停轨道是指服务航天器(又称为服务星)在控制力作用下,在一段时间内与被服务航天器(又称为目标航天器)的相对位置保持不变或保持在一个较小的范围内变化的轨道,如图2.3所示。

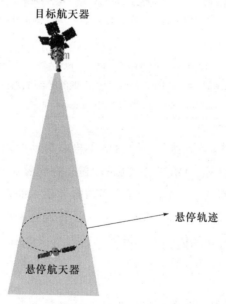

图2.3　悬停轨道示意图

悬停轨道的核心在于通过轨道控制,使得服务航天器能够悬停在目标轨道坐标系中的某个特定点或者特定区域,从而实现在空间高速运动的状态下与目标航天器的相对位置和方位的保持,这就为空间维修、在轨加注、天基空间目标监视等任务奠定了基础。

2.2.2 巡游轨道

空间目标监视和空间环境监测是各类空间活动的基础,但是,由于地基空间探测网的地域限制和探测距离的原因,很难实现对高轨航天器以及某些空间环境要素的高精度探测。

由于地球静止轨道卫星相对地球表面是静止的,因此,对于部署在地面的观测站,其永远只能观测到其上空可视范围内的 GEO 卫星,而对于定位在地球另一边的 GEO 卫星,该地面站将永远观测不到。此外,由于距离远,地面站对高轨目标尤其是地球同步轨道目标即使是探测到,要识别它们也非常困难。

目前,地基大口径自适应光学系统仍然难以对上万千米远的空间目标进行成像,并且高轨目标一般还会伴有非常缓慢的翻滚,这就使得更加难以取得良好的成像效果。实际上,目前对于高轨目标的识别能力还非常弱。为了解决这个问题,国外从天基和地基两种途径同时着手开展高轨目标成像技术研究。为了进一步提高对空间目标的监视能力,美国开展了一系列天基空间目标监视研究计划。2010 年9 月25 日,美国从范登堡空军基地成功发射了首颗天基空间监视系统(Space Based Space Surveillance,SBSS)卫星——"探路者"(Pathfinder),"探路者"是 SBSS 的首颗卫星,可以提供初步的空间监视能力,用于监视近地轨道空间物体;下一阶段将部署由 4 颗 SBSS 卫星组成的卫星星座,并将应用更为先进的全球空间监视技术。

根据美国空军的规划,SBSS 系统是一个低轨光学遥感卫星星座,具有轨道观测能力强、重复观测周期短的特点,能够大幅度提高美国对深空物体的探测能力。据称,SBSS 系统将使美国对地球静止轨道卫星的跟踪能力提高50% ,同时,美国空间目标编目信息的更新周期也将由现在的 5 天缩短到 2 天,从而大大提高美军的空间态势感知能力。SBSS 系统能够探测和跟踪诸如卫星和轨道碎片之类的空间目标,并及时探测发现深空中的微小目标,区分对空间系统造成破坏的因素是人为因素还是空间环境等非人为因素。该系统将比不能监视深空小目标的地基空间监视系统具有更大的优越性。

美国空军还计划研制一种运行在更高轨道上的空间目标监视卫星——轨道深空成像仪(Orbit Deep Space Imager, ODSI),设想中的 ODSI 系统将是一个由运行在地球静止轨道的光学成像卫星组成的卫星星座,其主要功能是提供地球静止轨道上三轴稳定卫星的图像。ODSI 卫星就像一个"漂流者"一样沿着地球同步轨道持续不断地飞行并且拍摄地球同步轨道上的卫星,获取它们的高分辨率图像。该系统不仅能够大大改善美国目前空间目标监视系统对高轨目标的监视能力,还将获取地球同步轨道目标的特征信息,提高其对地球同步轨道目标的识别能力。

此外,美国正在研制中的多种微卫星也可以作为空间监视的力量。设想的美军未来空间监视中微卫星应用方案包括:①针对突然出现的可能有敌意的空间目标,首先由其他空间监视探测器发现目标,并进行跟踪和识别。当其他天基、地基空间监视探测器无法获取所需的关于目标更为详细的信息时,用于空间监视的微卫星(包括在轨驻留和及时响应发射的微卫星)可以靠近目标,对目标进行近距离观测和拍摄,获取更为详细的目标特征数据。②针对需要特别保护的美国空间资产,美军可以在其附近部署微卫星,监视受保护航天器周围环境,对威胁进行预警,并判断是自然破坏还是人为破坏。其中典型的应用,如美国的 MiTEx 试验。

综上所述,对地球静止轨道目标进行监视的天基空间目标监视系统可采用两种方式:

(1)利用部署在中、低轨道上的航天器实现对 GEO 轨道上的目标进行监视。

(2)将监视卫星部署在 GEO 轨道附近,以"漂流者"的方式对目标进行侦察监视。

上述两种方式中,第一种方式更加适合 GEO 轨道目标的普查,可以在较短的时间内实现对 GEO 轨道上目标的编目;但是,由于监视卫星与目标航天器之间距离较远,相对速度很大,很难获得对目标航天器的详细侦察信息,不能满足目标识别、在轨服务等的需求。第二种方式中监视卫星与目标航天器之间距离近,相对速度较小,可以对目标进行近距离观测和拍摄,可以获取目标的几何形态、信号特征等详细信息。

巡游轨道是一种相对轨道,巡游航天器以特定方式巡游在目标轨道附近,完成对目标轨道上多个航天器的近距离观测、在轨服务、目标轨道附近空间碎片的监测,以及目标轨道附近空间环境的监测等。螺旋绕飞式巡游轨道如图2.4所示。

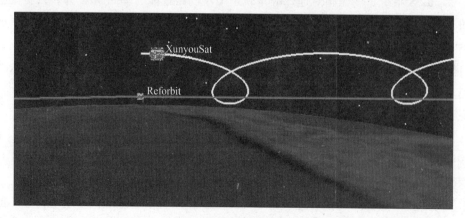

图 2.4　螺旋巡游轨道

巡游轨道与一般的跟飞、绕飞等卫星编队相比较,在应用上具有明显的优势,具体体现在以下几个方面:①探测目标不局限于单个卫星,若给予足够长的时间,可实现对整个目标轨道上所有航天器的探测;②通过巡游轨道构型设计,可实现对目标多视角探测,获得对特定目标的细节描述;③探测器不会长时间停留在同一目标附近;④多目标监视的能量消耗少。如果对巡游速度不作要求,那么,巡游航天器可以按照自由轨道进行巡游探测飞行,从理论上讲几乎不需要消耗能量。

2.2.3 多目标交会轨道

2007 年 4 月,美国"轨道快车"计划成功地进行了空间燃料补给试验,2011 年提出的"凤凰"计划更将在轨维修提上日程。由于不同类型空间任务的需要,航天器在空间多部署于不同的轨道平面上。根据美国忧思科学家联盟(Union of Concerned Scientists, UCS)卫星数据库的统计,截至 2013 年 6 月 1 日,低轨航天器有521 颗,其轨道倾角的分布如图 2.5 所示。

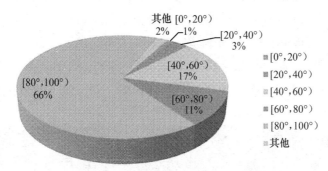

图 2.5 低轨卫星轨道倾角分布图

由于轨道倾角不同必然导致轨道平面不同,而改变轨道平面所消耗的能量将远远大于轨道平面内的机动,所以,单个服务航天器很难对不同轨道平面上运行着的多个目标航天器提供服务。多目标交会轨道利用了任何航天器轨道都必然会穿过空间任意一个轨道平面的特性,提出了基于穿越点的共面多目标轨道交会方法。该方法将目标轨道的穿越点作为轨道交会点,将目标航天器的穿越时刻作为轨道交会时刻,从而把非共面轨道交会问题转化为共面轨道交会问题,更重要的是该方法对于目标航天器的数量和轨道分布并没有进行约束,实现了真正意义上的"一对多"的轨道交会模式。

2.2.4 主动接近轨道

主动接近轨道是指航天器通过轨道控制,完成对合作目标或非合作目标的快速或慢速接近,以实现交会对接、快速探测、在轨服务等空间任务。典型的主动接近轨道如美国 MiTEx 卫星主动接近探测 DSP-23 导弹预警卫星的轨道。

2009 年 1 月 14 日美国《航天快讯》报道,美国国防部正在利用两颗深空隐蔽卫星(MiTEx)对在轨失灵的"国防支援计划"(DSP – 23)导弹预警卫星进行检查。这是美国继 2007 年通过"轨道快车"卫星演示在轨维修服务能力之后,首次在地球同步轨道执行在轨检查任务。

MiTEx 计划是 DARPA 和空军联合实施的微卫星验证科学技术试验计划的一部分,包括 MiTEx – A、B 和推动它们进入地球静止轨道的上面级 3 个飞行器,其主要目的是确定、集成、试验和评估与地球静止轨道机动有关的微小卫星技术。MiTEx 计划的上面级的推进能力和长寿命使卫星能够移动到地球静止轨道上的任何位置,并围绕目标卫星执行接近操作、拍照和接收该卫星所有收发的无线电通信,甚至是执行更多的对抗行动,例如切断目标航天器与地面的通信、放空目标航天器燃料储箱中的推进剂等。

DSP – 23 卫星在 2007 年 11 月 10 日发射,2008 年 10 月 8 日前后,DSP – 23 卫星与地面控制站失去联系。当时 DSP – 23 卫星正处于尼日利亚南部东经 8.5° 赤道上空,随后按照轨道力学规律沿着地球同步轨道向东漂移,漂移大约 1 年半以后到达澳大利亚上空,然后向西返回,来回反复。2008 年 12 月 8 日—13 日 MiTEx – A 卫星由西向东接近 DSP –23;2008 年 12 月 23 日 MiTEx 卫星达到 DSP – 23 卫星并成像;随后,2009 年 1 月 1 日 MiTEx – B 卫星也飞临并靠近 DSP – 23 卫星(图 2.6)。

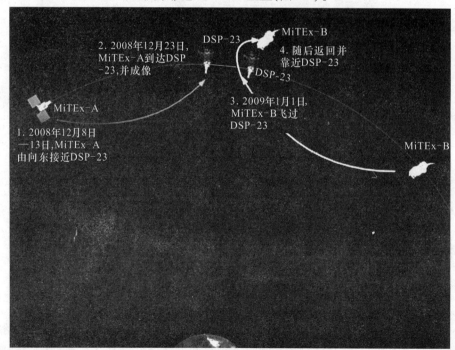

图 2.6 MiTEx 卫星主动接近探测 DSP – 23 卫星的过程示意图

通过该次试验可以看出,美国已经掌握了快速轨道机动、天基目标测量、在轨操作服务和系统综合集成等一批核心能力,其中 MiTEx 卫星在执行任务期间运行的轨道就是一种典型的空间主动接近轨道。

2.2.5　快速响应轨道

针对应急空间任务需求,美国国防部和裁军研究所于 2005 年 10 月撰写了《军事空间系统发展方向》的研究报告,提出了"快速响应空间"(Operationally Responsive Space, ORS)的发展战略,其中主要包括快速响应卫星、快速响应运载等技术领域。

美国国防部军事转型办公室(OFT)正在实施的"战术星"(TacSat)计划就是一个典型的快速响应卫星计划。该计划包括 4 颗试验型战术卫星,主要由美国空军实验室、海军实验室和其他的联合实验室完成,其目标是为发展快速响应小卫星奠定技术基础,演示经济可承受的及时响应型发射、测试、系统的战场集成,以支持战场指挥官的战术需求,为其提供直接访问太空资产的能力。2009 年 6 月发射的TacSat - 3 就是美国空军实验室研制的小卫星,它是首颗采用小卫星公用航天器的快速响应卫星,携带有光学载荷。

满足快速响应任务的轨道称为快速响应轨道。其中,响应时间一般是指从任务提出到任务要求得到满足的时间段。快速响应轨道放弃了一般航天器轨道追求的全球覆盖,甚至轨道寿命等多个重要指标,而将其重点放在对特定空间任务的快速响应方面。

快速响应轨道最重要的特点是:

(1)快速响应:响应时间远小于常规的响应时间,如对于快速发射任务来说,发射几小时之后就能够发回有效任务数据。

(2)低成本:可用小型运载器发射。

(3)战术应用能力:主要是针对一些特定的作战任务。

2.2.6　极地驻留轨道

极地驻留轨道是指通过轨道控制能够实现在地球南北两极上空长时间驻留的轨道。该轨道的主要性质包括两个方面:①地球两极的长时间驻留,利用极地驻留轨道,单颗即可实现对北半球或南半球高纬度区域(包括北极或者南极)的覆盖,显然,从费效比上来说是非常高的,并且由于部署位置较高,安全性也更高;②部署位置很高,极地驻留轨道距地面的距离约为 0.01 个天文单位(1 个天文单位 =1.49597870×10^8 km),虽然对地探测的分辨率可能会比较低,但在条件允许的情况下,也可以用于通信、导航等。

2.3 空间特殊轨道的描述

2.3.1 轨道根数

航天器的轨道通常可以用6个轨道根数来描述,即

半长轴 a:椭圆轨道远地点与近地点之间距离的1/2,通常用于描述椭圆轨道的大小。

偏心率 e:椭圆轨道焦距与长半轴的比值,通常用于描述椭圆轨道的形状,即非圆程度。

近地点幅角 ω:自轨道升交点在轨道平面内沿卫星运动方向度量到近地点的角度,通常用于描述椭圆轨道的拱线在轨道平面内的指向,即近地点的方向。

升交点赤经 Ω:自春分点方向在赤道面内沿逆时针方向度量到轨道升交点的角度,通常与轨道倾角一起描述椭圆轨道在空间的方位。

轨道倾角 i:轨道平面与赤道平面的夹角,或者是轨道平面正法向和地球北极的夹角,通常用于描述轨道平面相对赤道平面的倾斜程度。

过近地点时刻 τ:航天器沿椭圆轨道运动时通过近地点的时刻。

在二体运动的假设条件下,上述这6个轨道根数通常都是常数。但是,航天器在实际空间运动过程中,还要受到地球非球形、大气、太阳光压、日月引力等多种摄动的影响,这些影响会使航天器轨道发生变化,也就是说,轨道要素不再是常数了。为了研究航天器的受摄运动,引入了密切轨道和密切轨道根数的概念。

将航天器实际轨道上的每一点都看成是某相应的椭圆轨道(理想轨道)上的点,这种椭圆轨道称为密切轨道。密切轨道与实际轨道相切,该点处航天器的实际速度等于密切轨道上相应点的速度,如果从该点起所有摄动都突然消失,则航天器将沿着密切轨道运动。

密切轨道根数描述的就是航天器某一瞬时(如 t 时刻)对应的密切轨道的轨道根数。以某时刻的密切轨道根数为起点,进行数值积分,可以获得精度较高的后续轨道运动状态。

为了更准确地从宏观上描述航天器的运动,可以采用平均轨道根数。所谓平均轨道根数就是消去短周期变化项的轨道根数。

平均轨道根数与密切轨道根数的转换公式为

$$E_i = E_i{'} + \delta E_i(E_i{'}), i = 1, \cdots, 6 \tag{2.2}$$

式中: E_i 表示密切轨道根数的第 i 个根数; E_i' 表示平均轨道根数的第 i 个根数; δE_i 表示第 i 个密切轨道根数的短周期变化项。

2.3.2 无奇点根数

在很多应用中,航天器的轨道为近圆轨道,典型的如低轨侦察卫星和地球静止轨道卫星(此时轨道倾角也近似为 0°)等。由于轨道倾角 $i \approx 0°$,升交点赤经会出现奇异性;由于偏心率 $e \approx 0$,近地点幅角也出现奇异性。针对这些奇异性问题,提出了无奇点根数的概念。

对于轨道倾角 $i \approx 0°$、偏心率 $e \approx 0$ 的轨道,无奇点根数有多种定义方式。本书中给出两种。第一种定义为

$$a \qquad , \quad h = e\sin(\Omega + \omega), \quad p = \sin(i/2)\sin\Omega$$
$$l = \Omega + \omega + M \quad , \quad k = e\cos(\Omega + \omega), \quad q = \sin(i/2)\cos\Omega \qquad (2.3)$$

式中:a 为长半轴;l 为平经度;h、k 为偏心率矢量(大小等于轨道偏心率,方向指向轨道近地点)在地心惯性坐标系 XY 平面内的投影;忽略因子 $1/2$,p、q 近似为轨道平面法向量在地心惯性坐标系 XY 平面内的投影。

引入因子 $1/2$,可以使上述无奇点根数同样可用于大倾角轨道,同时避免轨道倾角等于 90° 时产生奇异。

第二种无奇点根数定义为

$$a \qquad , \quad h = e\sin(\Omega + \omega), \quad p = \tan(i/2)\sin\Omega$$
$$l = \Omega + \omega + M \quad , \quad k = e\cos(\Omega + \omega), \quad q = \tan(i/2)\cos\Omega \qquad (2.4)$$

并且,第二种形式更加适合摄动运算。

2.3.3 直角坐标分量

空间特殊轨道在设计过程中需要经常性地进行轨道控制,控制力作用下的航天器运动方程一般记为

$$\ddot{\boldsymbol{r}} = -\frac{\mu}{r^3}\ddot{\boldsymbol{r}} + \ddot{\boldsymbol{a}} + \ddot{\boldsymbol{a}}_T \qquad (2.5)$$

式中:$\ddot{\boldsymbol{r}}$ 为地心距矢量;$\mu = 3.986005 \times 10^{14}\,\mathrm{m^3/s^2}$ 为地球引力常数;$\ddot{\boldsymbol{a}}$ 为摄动加速度;$\ddot{\boldsymbol{a}}_T$ 为控制加速度。

在控制力作用下,航天器的运动状态一般可以用直角坐标分量来描述。这个直角坐标分量既可以是地心惯性坐标系下的分量,也可以是相对坐标系下的分量。

地心惯性坐标系在空间应用中一般采用 J2000.0 历元平赤道平春分点坐标系,简称为 J2000.0 坐标系。J2000.0 坐标系 $OX_IY_IZ_I$ 的定义为:原点 O 位于地心,OX_I 轴指向 J2000.0(质心力学时 2000 年 1 月 1 日 12:00:00.000 时刻,对应儒略日 2451545.0)平春分点,OZ_I 轴指向 J2000.0 的平赤道法向;OY_I 轴在 J2000.0 的平

赤道平面内,且根据右手定则确定(图2.7)。

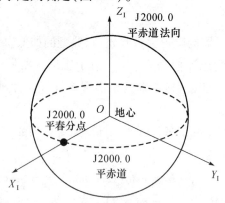

图2.7 J2000.0 地心惯性坐标系

相对坐标系是指以某航天器为参考的相对运动坐标系。其中,相对运动坐标系 $s-XYZ$ 的原点与参考航天器的质心固联并随其运动;X 轴与参考航天器的地心矢量方向重合,由地心指向 s;Y 轴在参考航天器的轨道面内垂直于 X 轴并指向运动方向;Z 轴由右手定则确定(图2.8)。

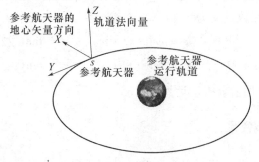

图2.8 相对运动坐标系

2.4 小 结

空间特殊轨道是在航天技术不断发展、任务领域不断延伸的情况下提出的。与我们所熟悉的典型轨道相比较,空间特殊轨道的特殊性主要体现在轨道设计理念、轨道控制的应用以及特殊的空间应用需求等多个方面。

本章分析提出了空间特殊轨道的概念,并对悬停轨道、螺旋巡游轨道、多目标交会轨道、主动接近轨道、快速响应轨道和极地驻留轨道6种空间特殊轨道的特点和应用领域进行了简单论述;最后,又介绍了轨道根数、无奇点根数和直角坐标分量3种空间特殊轨道的描述方式。下面本书将对上述6种空间特殊轨道的设计理论和设计方法逐一进行详细介绍。

第3章　悬停轨道理论与设计方法

悬停轨道是指悬停航天器与目标航天器的相对位置保持不变或仅在一个极小范围内运动的相对运动轨道,亦称为悬挂轨道。悬停轨道在天基空间目标监视、在轨服务、空间营救等任务中具有广阔的应用前景。

3.1　悬停轨道的概念

顾名思义,悬停是指悬停航天器相对于目标航天器的位置在空间始终保持不变。悬停轨道实质上是指在目标航天器的轨道坐标系中,使得悬停航天器相对于目标航天器的相对位置保持不变或保持在一个较小的范围内变化的轨道,其相对位置为常值(根据任务要求而定),相对速度为0,相对加速度为0。也就是说,悬停航天器相对于目标航天器保持"相对静止"。根据航天器轨道动力学原理,要使得悬停航天器相对于目标航天器在一段时间内保持"相对悬停"的效果,就必须对悬停航天器施加主动控制力和控制力矩。

如图3.1所示,T代表目标航天器,S代表悬停航天器。在目标航天器轨道坐标系$T-XYZ$中,悬停航天器相对于目标航天器悬停的位置参数可以用参数r、α、β来表示。其中:r为悬停航天器与目标航天器之间相对距离,称为悬停距离;α为悬停距离在目标航天器轨道平面上的投影与目标航天器运动方向之间的夹角,称为悬停方位角;β为悬停距离与目标航天器轨道平面之间的夹角,称为悬停高低角或悬停俯仰角。所以,悬停航天器相对于目标航天器的悬停任务可以描述为:在悬停航天器相对于目标航天器保持悬停过程时,通过对航天器进行主动控制,使得航天器相对于目标航天器的悬停距离r、悬停方位角α、悬停高低角β均保持不变。

当$\alpha<0°$时表示悬停航天器处于目标航天器下方,当$\alpha>0°$时表示航天器处于目标航天器上方;当$\beta<0°$时表示航天器在目标航天器右侧,当$\beta>0°$时表示航天器在目标航天器的左侧,图3.1中所示的α、β就均为正数。当$\alpha=-90°$,$\beta=0°$时,悬停航天器S恰好处于目标航天器T的正下方;而当$\beta=0°$时,悬停航天器与目标航天器共轨道平面。在理想的悬停过程中,不仅悬停航天器至目标航天器的相对距离始终保持不变,而且悬停航天器至目标航天器轨道平面的距离d也保持不变。悬停航天器轨迹平面不过地心(共面悬停除外),且与目标航天器轨道平面平行。

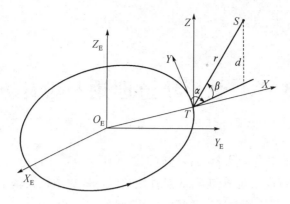

图 3.1 悬停轨道相对位置构型关系描述

3.2 定点悬停轨道设计

定点悬停是指将悬停航天器保持在目标航天器轨道坐标系中的一个点上,使其与目标航天器的相对位置保持不变。定点悬停适用于指向性要求精度很高的在轨服务与空间操作,典型的如空间交会对接、在轨燃料加注、在轨维修等。这些空间操作对悬停航天器的控制精度要求较高,一般采用连续控制方式。

3.2.1 动力学模型

在二体问题中,航天器的速度 V 可以表示为

$$V^2 = \mu \left(\frac{2}{r} - \frac{1}{a} \right) \tag{3.1}$$

式中:r 为航天器位置矢径大小;a 为轨道的长半轴;G 为万有引力常数;m_E 为地球质量;m_S 为航天器质量,且 $\mu = G(m_E + m_S) \approx Gm_E$。则航天器的水平角速度 $\bar{\omega}$ 为

$$\bar{\omega} = \sqrt{\frac{\mu}{r^2} \left(\frac{2}{r} - \frac{1}{a} \right)} \tag{3.2}$$

可见,当轨道确定后,即长半轴 a 确定时,航天器的速度只和位置矢径大小 r 有关。

悬停航天器的轨道与目标航天器的轨道形状、在空间的位置和方位都相同,只是轨道的大小不同,即 6 个轨道根数中偏心率 e、轨道倾角 i、升交点赤经 Ω、近地点辐角 ω 和真近点角 f 都保持相同,但长半轴 a 不同。

由轨道方程

$$r = \frac{a(1 - e^2)}{1 + e\cos(f)} \tag{3.3}$$

可知

$$\frac{r}{a} = \frac{(1-e^2)}{1+e\cos(f)}$$

令 $\eta = \dfrac{(1-e^2)}{1+e\cos(f)}$，可得

$$\bar{\omega} = \sqrt{\frac{\mu}{r^3}(2-\eta)} \qquad (3.4)$$

即当两航天器轨道的偏心率 e 和真近点角 f 相同时（即 η 相同），则航天器的角速度只和位置矢径大小 r 有关，且距地球越远，角速度越小。

可见，实现对目标航天器的悬停需要分以下两步：

第一步：将悬停航天器转移到悬停轨道上，并满足偏心率 e、轨道倾角 i、升交点赤经 Ω 和近地点幅角 ω 都相同的条件。

第二步：要使长半轴不同的两航天器的角速度相同，必须在二者真近点角相同的时刻，先对悬停航天器施加冲量，改变悬停航天器的初始角速度，使其和目标航天器相同；然后再施加连续推力，使其保持悬停状态，即与目标航天器保持同步运行。

假设悬停航天器完成第一步，下面只研究改变悬停航天器初始速度所需要的冲量和保持悬停状态需要的连续推力。

3.2.1.1 冲量的数学模型

悬停航天器进入悬停轨道时的初始速度 $V_S = \sqrt{\dfrac{\mu}{r_S}(2-\eta)}$，欲使两航天器的角速度相同，即 $\bar{\omega}_T = \bar{\omega}_S$，悬停航天器的速度必须调整为

$$V'_S = \frac{r_S}{r_T}\sqrt{\frac{\mu}{r_T}(2-\eta)} \qquad (3.5)$$

设原速度方向为正，则所需的速度冲量为

$$dV = V'_S - V_S = \left(\sqrt{\frac{r_S^3}{r_T^3}}-1\right)\sqrt{\frac{\mu}{r_S}(2-\eta)} \qquad (3.6)$$

可见，欲实现两航天器角速度相同，需在悬停航天器处在目标航天器下方时，在悬停航天器原速度反方向施加冲量 dV。

3.2.1.2 连续推力的数学模型

下面用物理学中的力学分析方法和天体力学中"二体问题"分析方法分别推导连续推力的数学模型。

1. 物理力学分析方法

将航天器的速度矢量在位置径向方向和周向方向进行分解,可得

$$
\begin{cases}
V_r = \dfrac{pe\sin f}{(1+e\cos f)^2} \cdot \dfrac{1}{r}\sqrt{\dfrac{\mu}{p}}(1+e\cos f) = \sqrt{\dfrac{\mu}{a(1-e^2)}}e\sin f \\[3mm]
V_f = r\dot{f} = \sqrt{\dfrac{\mu}{a(1-e^2)}}(1+e\cos f)
\end{cases}
\tag{3.7}
$$

施加初始冲量 dV 后,悬停航天器的角速度改变为目标航天器的角速度,即

$$
\begin{cases}
\begin{aligned}
V_{Sr} &= \dfrac{r_S}{r_T}V_{Tr} = \dfrac{r_S}{r_T}\sqrt{\dfrac{\mu}{a_T(1-e^2)}}e\sin f \\[2mm]
&= \dfrac{a_S}{a_T}\sqrt{\dfrac{\mu}{a_T(1-e^2)}}e\sin f \\[4mm]
V_{Sf} &= \dfrac{r_S}{r_T}V_{Tf} = \dfrac{r_S}{r_T}\sqrt{\dfrac{\mu}{a_T(1-e^2)}}(1+e\cos f) \\[2mm]
&= \dfrac{a_S}{a_T}\sqrt{\dfrac{\mu}{a_T(1-e^2)}}(1+e\cos f)
\end{aligned}
\end{cases}
\tag{3.8}
$$

如果将航天器的运动简化为二体运动,即以地球为中心引力体、航天器绕其旋转的有心力运动,则地球对悬停航天器的万有引力加速度 A_E 是航天器径向的加速度和周向旋转向心力加速度之和。

径向的加速度 A_{Sr} 为

$$
\begin{aligned}
A_{Sr} &= \dot{V}_{Sr} \\[2mm]
&= \dfrac{a_S}{a_T}\sqrt{\dfrac{\mu}{a_T(1-e^2)}}e\cos f \cdot \dot{f} \\[2mm]
&= \dfrac{a_S}{a_T}\sqrt{\dfrac{\mu}{a_T(1-e^2)}}e\cos f \cdot \dfrac{1+e\cos f}{r_T}\sqrt{\dfrac{\mu}{a_T(1-e^2)}} \\[2mm]
&= \mu\dfrac{a_S}{a_T r_T^2}e\cos f
\end{aligned}
\tag{3.9}
$$

周向旋转向心力加速度 A_{Sf} 为

$$
\begin{aligned}
A_{Sf} &= \dfrac{V_{Sf}^2}{r_S} \\[2mm]
&= \dfrac{a_S^2\mu}{r_S a_T^3(1-e^2)}(1+e\cos f)^2
\end{aligned}
$$

$$= \mu \frac{a_S}{a_T r_T^2}(1 + e\cos f) \tag{3.10}$$

则欲使航天器保持在悬停轨道上,需要的控制推力加速度 A 为(径向为正)

$$A = A_E - A_{Sf} + A_{Sr}$$

$$= \frac{\mu}{r_S^2} - \mu \frac{a_S}{a_T r_T^2}(1 + e\cos f) + \mu \frac{a_S}{a_T r_T^2}e\cos f$$

$$= \mu\left(\frac{1}{r_S^2} - \frac{a_S}{a_T r_T^2}\right) = \frac{\mu}{r_S^2}\left(1 - \frac{a_S r_S^2}{a_T r_T^2}\right)$$

$$= \frac{\mu}{r_S^2}\left(1 - \frac{r_S^3}{r_T^3}\right) = \frac{\mu}{r_S^2}\left(1 - \frac{a_S^3}{a_T^3}\right) \tag{3.11}$$

2. 近似二体问题分析方法

由二体问题可知,航天器的运动符合开普勒定律,其基本运动微分方程为

$$\ddot{\boldsymbol{r}} + \frac{\mu}{r^3}\boldsymbol{r} = 0 \tag{3.12}$$

在轨道上运行的速度为

$$V = \sqrt{\mu\left(\frac{2}{r} - \frac{1}{a}\right)} \tag{3.13}$$

建立轨迹坐标系:坐标原点在航天器质心,X 轴由地球质心指向航天器质心,Z 轴和航天器所在轨道的动量矩 $\boldsymbol{h}$ 重合,Y 轴符合右手坐标系准则。可知,运动微分方程在在 Y 轴、Z 轴上的分量均为 0,在 X 轴的分量为

$$\ddot{r} + \frac{\mu}{r^2} = 0 \tag{3.14}$$

当在 X 轴对航天器施加外力 F 时,记 $A = F/m_S$,则

$$\ddot{r} + \frac{\mu}{r^2} = + A \tag{3.15}$$

令 $\mu' = \mu - Ar^2$,则

$$\ddot{r} + \frac{\mu'}{r^2} = 0 \tag{3.16}$$

则航天器运行的速度为

$$V = \sqrt{\mu'\left(\frac{2}{r} - \frac{1}{a}\right)} \tag{3.17}$$

欲实现相对目标航天器的悬停,要求悬停航天器与目标航天器的运动角速度一直保持相同,即

$$V_S = \sqrt{\mu'\left(\frac{2}{r_s} - \frac{1}{a_s}\right)} = \frac{r_S}{r_T}V_T = \frac{r_S}{r_T}\sqrt{\mu\left(\frac{2}{r_T} - \frac{1}{a_T}\right)} \qquad (3.18)$$

由上式可得

$$\mu' = \mu\frac{r_S^2\left(\dfrac{2}{r_T} - \dfrac{1}{a_T}\right)}{r_T^2\left(\dfrac{2}{r_S} - \dfrac{1}{a_S}\right)} = \mu\frac{a_S^4(2a_T - r_T)}{a_T^4(2a_S - r_S)} = \mu\frac{a_S^3}{a_T^3} \qquad (3.19)$$

将上式代入 $\mu' = \mu - Ar^2$，可得

$$A = \frac{\mu}{r_S^2}\left(1 - \frac{a_S^3}{a_T^3}\right) \qquad (3.20)$$

可见，近似二体问题分析方法结果和物理力学分析方法结果相同，从而相互验证了推导过程的正确性。

已知需要的连续推力大小为

$$F = m_S A \qquad (3.21)$$

那么，从物理力学上可直观地理解为：当施加冲量减小悬停航天器的速度后，按天体运动规律，航天器高度会下降，相当于施加了一个推力，"托着"航天器保持在悬停轨道上。从仿"二体问题"分析结果可见：悬停航天器的轨道也符合开普勒第一、二定律，与第三定律不同之处在于悬停航天器的运行周期的平方与它的轨道椭圆长半轴的立方的正比例系数不是地球引力系数 μ，而是 $\mu' = \mu - Ar^2$。也可以理解为：通过施加推力抵消了一部分地球引力，像是"减小了一部分地球质量"，可称这种轨道是一种人为的"亚开普勒轨道"。

3.2.1.3 可行性分析

由连续推力的数学模型可知，对于轨道长半轴一定的两个轨道，推力方向和悬停航天器位置矢径方向始终保持一致，且推力大小是位置矢径大小的函数。由于椭圆轨道不同时刻位置矢径的大小是变化的，所以，要想实现悬停，需要轨控发动机能够实时调整其提供的推力的大小。

对于圆轨道而言，位置矢径的大小不变，则需要的连续推力大小也是不变的，且悬停距离 $h = r_T - r_S \ll r_T$。所以，式(3.20)可简化为

$$A = \frac{3\mu h}{r_T^3}$$

即推力加速度与悬停距离成正比，与目标航天器轨道半径的立方成反比。

假设悬停航天器的质量为 1000kg，首先针对目标航天器轨道为圆轨道的情况进行悬停分析。

如果相对低轨道（轨道高度 $1.5 \times 10^5 \sim 1.0 \times 10^6$ m）航天器进行悬停，则需要的推力加速度相对比较大。但是，由于目标航天器轨道较低，悬停距离就不可能太

大。图 3.2 是对于跟飞距离小于 1.0×10^5 m 时需要的连续推力加速度。对于近圆太阳同步轨道上的航天器,轨道半径为 6.9×10^5 m 的目标航天器实现距离为 2.0×10^4 m 的悬停,则需要连续推力加速度为 $A = 0.067921$ m/s^2,连续推力大小为 $F = 67.921$ N。

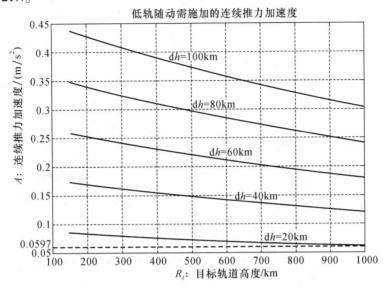

图 3.2　低轨航天器实现悬停需要的连续推力加速度

如果相对中轨(轨道高度 $1.0 \times 10^6 \sim 2.0 \times 10^7$ m)航天器进行悬停,则需要的连续推力加速度如图 3.3 所示。例如,实现对 GPS 导航卫星距离 2.0×10^5 m 的悬停,需要的连续推力加速度为 $A = 0.01313$ m/s^2,连续推力大小为 $F = 13.13$ N。

如果相对高轨(轨道高度在 2.0×10^7 m 以上)航天器进行悬停,则需要的连续推力加速度如图 3.4 所示。例如,实现对地球同步卫星距离 2.0×10^5 m 的悬停,需要的连续推力加速度为 $A = 0.0031573$ m/s^2,连续推力大小为 $F = 3.1573$ N,当悬停跟飞距离为 1.0×10^6 m 时,需要的连续推力加速度为 $A = 0.016095$ m/s^2,连续推力大小为 $F = 16.095$ N。

下面以目标航天器的运行轨道为椭圆轨道时为例,对其进行悬停分析。已知连续推力大小和航天器轨道高度有关,以周期为 12h 的 Molniya 大椭圆卫星为例:远地点高度约为 4.0×10^7 m,近地点高度约为 6.0×10^5 m,假设悬停轨道长半轴与目标航天器轨道长半轴之差为 2.0×10^5 m,图 3.5 为悬停一个轨道周期连续推力大小的变化情况。其中,远地点时需要的推力加速度为 0.004207 m/s^2,推力大小为 4.207N;近地点时需要的推力加速度为 0.1913 m/s^2,推力大小为 191.3N。

由以上分析可知,对于一定轨道高度的目标航天器,选择合理的悬停距离,实现悬停是可行的,需要的连续推力也是可以实现的,特别是对于地球静止卫星,利

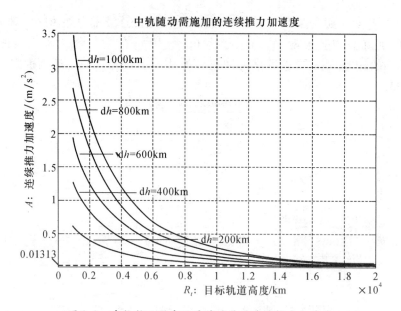

图 3.3　中轨航天器实现悬停需要的连续推力加速度

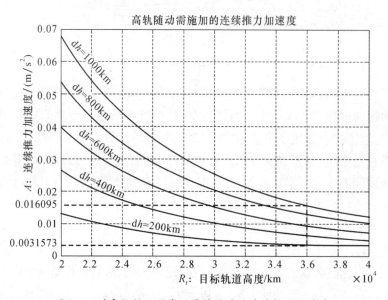

图 3.4　对高轨航天器实现悬停需要的连续推力加速度

用"电推进"发动机(电推进是由太阳能或核能经转换装置获得电能,利用电能加热推进剂或电离推进剂加速工质,使其形成高速射流喷出而产生推力推进航天器飞行)就可以实现。电推进发动机在 20 世纪六七十年代就已经研制成功,技术上也达到了相当水平,目前已经发射的使用电推进的航天器的总数已达 200 多个,是未来推进技术发展的一个重要方向。

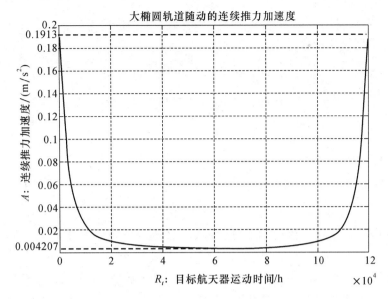

图 3.5 对大椭圆轨道悬停需要的连续推力加速度

3.2.2 开环控制方式

在图 3.6 所示的轨道坐标系中,悬停航天器位于点 A',目标航天器位于点 O。设 O 点对应的星下点地理经度与地球上任一点 A 的地心经度之差为 α,A 点的地心纬度为 β,则可得 A 在参考系中的位置为

$$(x_{OA}, y_{OA}, z_{OA}) = (R_E\cos\alpha\cos\beta - R, R_E\sin\alpha\cos\beta, R_E\sin\beta) \qquad (3.22)$$

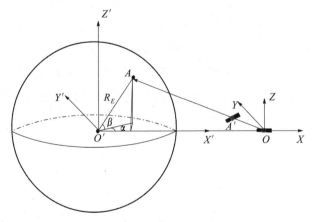

图 3.6 任一点在轨道坐标系中的位置

图中:R 为目标航天器的地心距,R_E 为地球半径。从而可以求得矢量 OA 在坐标系 $OXYZ$ 中的单位矢量 $e_{OA} = \dfrac{OA}{|OA|}$。

假设 A' 到 O 的距离为 L，A' 在参考系 $OXYZ$ 中的位置为 $(x,y,z) = L \cdot \boldsymbol{e}_{OA}$，$A'$ 在 $O'X'Y'Z'$ 中的坐标位置为

$$(x_{O'A'}, y_{O'A'}, z_{O'A'}) = (x + R, y, z) \tag{3.23}$$

设 $O'A'$ 的单位矢量为 $\boldsymbol{e}_{O'A'} = \dfrac{O'A'}{|O'A'|}$，悬停航天器与目标航天器的初始相位差为

$$\Delta \varphi = \arcsin(\boldsymbol{e}_{O'A'}(2)) \tag{3.24}$$

悬停航天器的轨道倾角 i 为

$$i = \arcsin(\boldsymbol{e}_{O'A'}(3)) \tag{3.25}$$

式(3.24)和式(3.25)中的 $\boldsymbol{e}_{O'A'}(2)$、$\boldsymbol{e}_{O'A'}(3)$ 分别表示单位矢量 $\boldsymbol{e}_{O'A'}$ 的第二个分量和第三个分量。

若使悬停航天器与目标航天器保持相对静止，则悬停航天器的轨道旋转角速度与目标航天器的角速度必须相等，且悬停航天器仅有切向速度，其他方向的速度为 0。设目标航天器的角速度为 n，则悬停航天器在参考系 $O'X'Y'Z'$ 中的轨道切向速度为

$$V_m = |O'A'| \cdot \cos(i) \cdot n \tag{3.26}$$

V_m 即为悬停航天器总的速度大小，轨道面法向速度为 0。

假设悬停距离 $L = 100\text{km}$，$\alpha = 127.89°$，$\beta = -16.94°$，则 $\boldsymbol{e}_{OA} = (-0.991, 0.0174, 0.128)$。由式(3.23)求得 A' 在参考系 $OXYZ$ 中的坐标为

$$(x_{A'}, y_{A'}, z_{A'}) = (-99161\text{m}, 1740.6\text{m}, 12811\text{m})$$

由式(3.24)和式(3.25)可得，在参考系 $O'X'Y'Z'$ 中悬停航天器 A' 的轨道倾角为 $i = 0.035°$，与目标航天器的初始相位差为 $\Delta \varphi = 0.0048°$。

若目标航天器运行于圆轨道，且悬停航天器相距目标航天器距离远小于目标航天器地心距，则悬停航天器在参考坐标系 $OXYZ$ 的运动可采用 Hill 方程描述，即

$$\begin{cases} \ddot{x} - 2n\dot{y} - 3n^2 x = f_x \\ \ddot{y} + 2n\dot{x} = f_y \\ \ddot{z} + n^2 z = f_z \end{cases} \tag{3.27}$$

式中：n 为目标航天器的轨道角速度；(f_x, f_y, f_z) 为悬停航天器在各轴上施加的控制加速度。

因为悬停航天器相对目标航天器静止，所以各轴向的速度和加速度分量为 0。$n = 7.2921 \times 10^{-5}\text{rad}$，是目标航天器的平均角速度，由式(3.27)可得，在参考系 $OXYZ$ 中，悬停航天器的控制加速度分量为

$$(f_x, f_y, f_z) = (1.585 \times 10^{-3}, 0, -2.1 \times 10^{-5})$$

设仿真起始时刻为 2003 年 6 月 1 日 12:00:00，此时，地心经度0°相对于 J2000 坐标系 X 轴的旋转角度为 69.518°。因为悬停航天器与目标航天器的相位差为 $\Delta\varphi$，从而可求出悬停航天器的位置与 J2000 坐标系 XOY 面的夹角为 69.523°。

按照 3-1-3 转序，将两颗卫星在轨道坐标系下的位置和速度转换为 J2000 坐标系下的位置和速度。两颗卫星在 J2000 坐标系下的位置坐标和 3 个坐标轴方向的速度如表 3.1 所列。

表 3.1 目标航天器和悬停航天器初始位置和速度

卫星	初始位置(x、y、z)/m			初始速度(x'、y'、z')/(m/s)		
目标航天器	-42003.722.24	3674849.522	0	-267.974	-3062.960	0
悬停航天器	-41905090.58	3664473.10	12811.11	-261.47	-2988.6	0

控制加速度的大小为 0.001585m/s²，为简化程序设计和控制过程，以悬停航天器本体坐标系为参考系，保持控制加速度在此坐标系下的方向和大小不变。考虑 J_2 项摄动，采用八阶 Runge-Kuta 积分器求解卫星的运动方程，控制步长设置为 1s，仿真时间设置为 24h，推算并生成目标航天器和参考星运行一个周期的轨道数据(包括卫星在 J2000 坐标系下的位置和速度)。

计算目标航天器与悬停航天器的通信链路、目标航天器与地面站的通信链路，可以得到两个链路间夹角的变化曲线如图 3.7 所示。

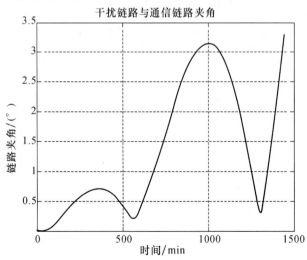

图 3.7 悬停距离为 100km 时悬停航天器、目标航天器和地面站三者间夹角变化

由图 3.7 可以看出，在整个轨道运行周期内，两个链路的夹角在 0°~3.3°变化，夹角的最大值为 3.3°。也就是说，悬停航天器偏离目标航天器与地面站链路的

最大角度为 3.3°。

悬停航天器与目标航天器的相对距离变化曲线如图 3.8 所示。

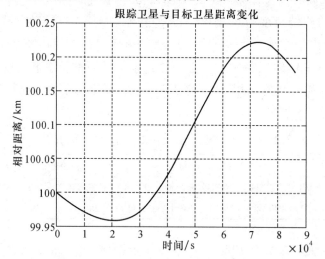

图 3.8 悬停距离为 100km 时悬停航天器与目标航天器 24h 相对距离变化图

可见,两个卫星间距离在一个轨道周期内的最大变化值为 0.225km,曲线在 100km 附近摆动,且幅度逐渐变大,可以看出悬停航天器相对目标航天器的相对轨迹是螺旋线。

若将悬停航天器与目标航天器的距离设为 50~500km,可得到两航天器间距离与完成悬停需要施加的控制加速度之间的关系,如图 3.9 所示。

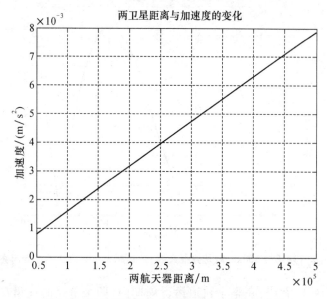

图 3.9 航天器间距离与控制加速度的变化曲线

40

从图 3.9 可以看出,当两个卫星间距离为 50km 时,使悬停航天器保持在链路上的控制加速度不到 10^{-3}m/s^2;当两个卫星间距离为 500km 时,控制加速度约为 $8\times10^{-3}\text{m/s}^2$。

由上述分析可知:

(1)悬停航天器与目标航天器不共面情况下,悬停航天器重 1000kg,距离目标航天器 100km,施加连续控制力 1.585N,就可以使悬停航天器相对目标航天器形成一个螺旋线形的悬停轨道(图 3.10)。

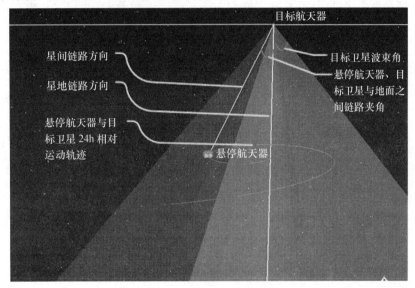

图 3.10　螺旋悬停轨道

(2)悬停航天器并没有严格地悬停在一个固定的点上,而是随时间发生漂移,这是因为采用的控制力为开环控制引起的;如果采用闭环控制,可以降低燃料损耗,并且可以把悬停航天器精确地控制在某个区域内。

3.2.3　闭环控制方式

3.2.3.1　基于 Lyapunov 方法的悬停控制

由于 Hill 方程存在线性化误差,长时间运行时误差的积累会使悬停航天器不能保持悬停的状态。因此,针对 Hill 方程简化中产生的线性化误差,把 Hill 方程的线性化误差看作扰动,并在控制上加入补偿控制加速度,设计反馈控制律。

实际的目标航天器与悬停航天器的相对运动状态可表示为

$$\ddot{\boldsymbol{r}} = A_1\boldsymbol{r} + A_2\dot{\boldsymbol{r}} + \boldsymbol{u} + \boldsymbol{u}' + c(\boldsymbol{r},\dot{\boldsymbol{r}}) \qquad (3.28)$$

式中: $A_1 = \begin{bmatrix} 3n^2 & 0 & 0 \\ 0 & 0 & 0 \\ 0 & 0 & -n^2 \end{bmatrix}$; $A_2 = \begin{bmatrix} 0 & 2n & 0 \\ -2n & 0 & 0 \\ 0 & 0 & 0 \end{bmatrix}$; $\boldsymbol{u}'$ 为补偿的控制加速度; $c(\boldsymbol{r}, \dot{\boldsymbol{r}})$

为 Hill 方程线性化误差。

理想状态方程可表示为

$$\ddot{\boldsymbol{r}}^* = A_1 \boldsymbol{r}^* + A_2 \dot{\boldsymbol{r}}^* + \boldsymbol{u} \tag{3.29}$$

控制目标是在有限的时间内,使误差趋于零。式(3.28)减去式(3.29),得到

$$\Delta\ddot{\boldsymbol{r}} = A_1 \Delta\boldsymbol{r} + A_2 \Delta\dot{\boldsymbol{r}} + \boldsymbol{u}' + c(\boldsymbol{r}, \dot{\boldsymbol{r}}) \tag{3.30}$$

取 Lyapunov 函数:

$$V = \Delta\dot{\boldsymbol{r}}^{\mathrm{T}} K_\nu \Delta\dot{\boldsymbol{r}} + \Delta\boldsymbol{r}^{\mathrm{T}} K_r \Delta\boldsymbol{r}$$

式中: K_ν、K_r 为正定矩阵。则

$$\dot{V} = 2\Delta\dot{\boldsymbol{r}}^{\mathrm{T}} (K_\nu \Delta\ddot{\boldsymbol{r}} + K_r \Delta\boldsymbol{r}) \tag{3.31}$$

将式(3.30)代入式(3.31):

$$\dot{V} = 2\Delta\dot{\boldsymbol{r}}^{\mathrm{T}} (K_\nu A_1 + K_r) \Delta\boldsymbol{r} + 2\Delta\dot{\boldsymbol{r}}^{\mathrm{T}} K_\nu A_2 \Delta\dot{\boldsymbol{r}} + 2\Delta\dot{\boldsymbol{r}}^{\mathrm{T}} K_\nu \boldsymbol{u}' + 2\Delta\dot{\boldsymbol{r}}^{\mathrm{T}} K_\nu C(\boldsymbol{r}, \dot{\boldsymbol{r}})$$

$$\tag{3.32}$$

令

$$\dot{V} = -\Delta\dot{\boldsymbol{r}}^{\mathrm{T}} S \Delta\dot{\boldsymbol{r}} \tag{3.33}$$

式中: S 为正定矩阵。

则可知 $\dot{V} \leqslant 0$,即系统稳定。

此时,令 $K_\nu = I$,由式(3.32)和式(3.33)可得

$$\boldsymbol{u}' = -(A_1 + K_r)\Delta\boldsymbol{r} - 0.5(2A_2 + S)\Delta\dot{\boldsymbol{r}} - C(\boldsymbol{r}, \dot{\boldsymbol{r}}) \tag{3.34}$$

式(3.33)存在一个特殊情况,即当 $\Delta\dot{\boldsymbol{r}} = 0$ 而 $\Delta\boldsymbol{r} \neq 0$ 时, $\dot{V} = 0$。为证明此时系统也是渐近稳定的,将式(3.34)代入式(3.30)推导出

$$\Delta\ddot{\boldsymbol{r}} = -K_r \Delta\boldsymbol{r} - 0.5 S \Delta\dot{\boldsymbol{r}} \tag{3.35}$$

显然,当 $\Delta\dot{\boldsymbol{r}} = 0$ 时, $\Delta\ddot{\boldsymbol{r}} = 0$,从而得出 $\Delta\boldsymbol{r} = 0$,即系统是稳定的。

考虑式(3.34),其中 $c(\boldsymbol{r}, \dot{\boldsymbol{r}})$ 为二阶小量,其对系统的影响不大于控制对系统的影响。存在正数 K_1 为小量,有

$$\| c(\boldsymbol{r}, \dot{\boldsymbol{r}}) \| \leqslant K_1 \tag{3.36}$$

采用如下的控制律:

$$u' = -(A_1 + K_r)\Delta r - 0.5(2A_2 + S - K_1 I/\parallel \Delta \dot{r} \parallel)\Delta \dot{r} \qquad (3.37)$$

将上式代入式(3.32),推导出

$$\dot{V} \leqslant -\Delta \dot{r}^{\mathrm{T}}(S + K_1 I/\parallel \Delta \dot{r} \parallel)\Delta \dot{r} < 0 \qquad (3.38)$$

即采用式(3.37)的反馈控制律可使系统稳定。

根据 Hill 方程,为了在悬停期间,使得悬停航天器在目标航天器轨道坐标系中的位置保持不变,要求悬停航天器相对于目标航天器的相对速度和相对加速度均为 0。因此,在悬停期间,需要对悬停航天器施加如下控制力:

$$\begin{cases} f_x = -3n^2 x \\ f_y = 0 \\ f_z = n^2 z \end{cases} \qquad (3.39)$$

结合式(3.39)与式(3.37),悬停航天器三轴控制加速度为$(u + u')$。可见,Lyapunov 定理证明了该控制律能够使悬停航天器实现对目标航天器的长时间稳定悬停。

3.2.3.2 仿真分析

假设目标航天器在地球同步轨道上,悬停航天器位于目标航天器正下方100km 处,悬停航天器与目标航天器在惯性坐标系下的初始条件如表 3.2 所列。

表 3.2 悬停航天器与目标航天器在惯性坐标系下的初始条件

卫星	初始位置(x,y,z)/(m/s)			初始速度(x',y',z')/(m/s)		
目标航天器	42164.2×10^3	0	0	0	3.0747×10^3	0
悬停航天器	42064.2×10^3	0	0	0	3.0673×10^3	0

利用上述控制律进行悬停航天器轨道控制的结果如图 3.11 所示。

图 3.11 给出的是定点悬停控制的结果,即经过一定的控制时间后,控制所达到的效果。仿真结果表明,在一段时间之后 Y 轴误差变为 0,Z 轴始终为 0,而 X 轴稳定在 1.2×10^{-3}m,总的定点误差约为 1.2×10^{-3}m,远小于 100km 的悬停距离,控制精度较高。

图 3.12 给出的是完成定点悬停需要的补偿控制加速度变化。仿真结果表明,在一段时间之后,Y 轴控制加速度变为 0,而 X 轴始终需要一个微小的补偿加速度,相当于始终有一个力托着悬停航天器。

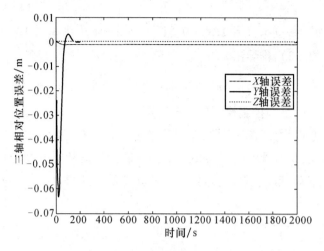

图 3.11　三轴相对位置误差

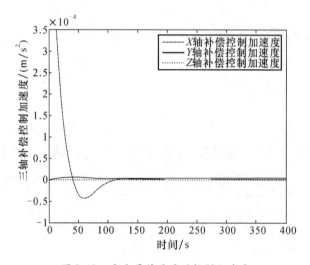

图 3.12　定点悬停需要的控制加速度

如果悬停24h,则 X 轴的补偿控制速度增量累计需要 0.322m/s, Y 轴补偿控制速度增量累计为 0.027 m/s, Z 轴始终为 0。总的控制速度增量累计为 138.588 m/s,显然具有可行性。

3.3　区域悬停轨道设计

区域悬停轨道是指悬停航天器在控制系统的作用下,一段时间内在相对于目标航天器的某一个指定的区域内的相对运动轨道。这种相对悬停轨道只需要在悬停航天器到达指定区域边界时才加以轨道控制。与定点悬停相比,悬停航天器在受限区域内运动时,只需要进行姿态指向控制,并不要求星上控制系统进行姿轨耦合的连续控制,实现了悬停航天器的姿轨控制分离。因此,能够有效降低悬停航天器在轨服务任务中对星上各分系统的要求,更有利于在轨自主服务任务的实施。

3.3.1 受限区域构型分析

3.3.1.1 受限区域构型描述

为了得到悬停航天器在受限区域内的相对运动状态,需要对受限区域相对于目标航天器的空间构型进行合理的建模与描述,受限区域的空间构型如图 3.13 所示。

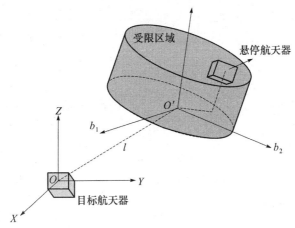

图 3.13 受限区域构型示意图

图中,$OXYZ$ 为目标航天器轨道坐标系。定义 $O'b_1b_2b_3$ 为区域直角坐标系,用来描述悬停航天器在受限区域内的运动状态。假设原点 O' 相对于目标航天器轨道坐标系原点的距离为 l,方位角为 α,俯仰角为 β,则原点 O' 在目标航天器轨道坐标系中的坐标 (x_c, y_c, z_c) 可表示为

$$\begin{pmatrix} x_c \\ y_c \\ z_c \end{pmatrix} = \begin{pmatrix} l\cos\beta\cos\alpha \\ l\cos\beta\sin\alpha \\ l\sin\beta \end{pmatrix} \tag{3.40}$$

设由 $O' - b_1b_2b_3$ 按照 $3-1-2$ 顺序分别转动 η、ξ、ς 之后与目标航天器轨道坐标系重合,则区域坐标系 $O' - b_1b_2b_3$ 与目标航天器轨道坐标系的转换矩阵为

$$T^{\text{RSW}}_{O'-b_1b_2b_3} = \begin{bmatrix} \cos\varsigma & 0 & -\sin\varsigma \\ 0 & 1 & 0 \\ \sin\varsigma & 0 & \cos\varsigma \end{bmatrix} \begin{bmatrix} 1 & 0 & 0 \\ 0 & \cos\xi & \sin\xi \\ 0 & -\sin\xi & \cos\xi \end{bmatrix} \begin{bmatrix} \cos\eta & \sin\eta & 0 \\ -\sin\eta & \cos\eta & 0 \\ 0 & 0 & 1 \end{bmatrix}$$

$$\tag{3.41}$$

所以,将坐标系 $O'-b_1b_2b_3$ 的坐标 (x_1,y_1,z_1) 转换到目标轨道坐标系中的坐标 (x,y,z) 的转换公式为

$$\begin{pmatrix} x \\ y \\ z \end{pmatrix} = T^{\mathrm{RSW}}_{O'-b_1b_2b_3} \begin{pmatrix} x_1 \\ y_1 \\ z_1 \end{pmatrix} + \begin{pmatrix} x_c \\ y_c \\ z_c \end{pmatrix} \tag{3.42}$$

据此可以建立区域坐标系与目标航天器轨道坐标系之间的关系,悬停航天器在区域直角坐标系中的坐标就可以很方便地转化到目标航天器轨道坐标系中表示。

3.3.1.2 典型受限区域构型

按照悬停航天器的工作模式和空间任务的不同,受限区域可以有多种构型。本节将首先对空间的几种基本三维构型进行建模,即球形、椭球形、柱形和锥形;然后,利用这些基本构型来灵活构建任务要求的受限区域构型。

1. 球形

当受限区域为球形时,在区域直角坐标系中,假设区域中心坐标为 (x_0,y_0,z_0),球体的半径为 r,则球形受限区域构型可以表示为

$$(x-x_0)^2 + (y-y_0)^2 + (z-z_0)^2 \leqslant r^2 \tag{3.43}$$

若球形区域的球心坐标为 $(50\mathrm{km},50\mathrm{km},50\mathrm{km})$,半径为 $20\mathrm{km}$,则受限区域的构型如图 3.14 所示。

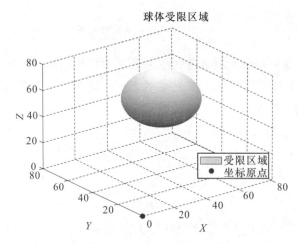

图 3.14 受限区域为球形的空间构型

2. 椭球形

当受限区域为椭球形时,在区域直角坐标系中,假设区域中心坐标为 (x_0,y_0,z_0),且椭球的三轴长度分别为 (x_r,y_r,z_r),则椭球形受限区域构型可以表示为

$$\frac{(x-x_0)^2}{x_r^2} + \frac{(y-y_0)^2}{y_r^2} + \frac{(z-z_0)^2}{z_r^2} \leqslant 1 \qquad (3.44)$$

若椭球形区域的球心坐标为(50km,50km,50km),三轴半径分别为(20km,50km,10km),则受限区域的构型如图3.15所示。

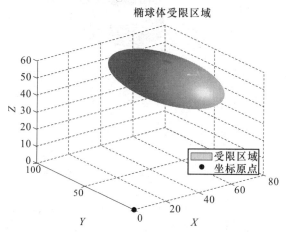

图3.15 受限区域为椭球形的空间构型

3. 柱形

当受限区域为柱形时,根据底面截面形状的不同,可分为圆柱形与椭圆柱形区域。在区域直角坐标系中,柱形受限区域构型可表示为

$$\begin{cases} \dfrac{(x-x_0)^2}{x_r^2} + \dfrac{(y-y_0)^2}{y_r^2} \leqslant 1 \\ H_{\min} \leqslant z \leqslant H_{\max} \end{cases} \qquad (3.45)$$

式中:(x_0,y_0)为底面截面曲线的中心;(x_r,y_r)为曲线弦长;$H_{\min}$、$H_{\max}$分别为柱形区域的最小、最大高度。

当$x_r = y_r$时为圆柱体,当$x_r \neq y_r$时为椭圆柱体。图3.16给出了区域底面中心为(100km,100km,120km)、截面半径为50km、高度为160km的圆柱形受限区域构型,椭圆柱形空间构型可以类似得出。

4. 锥形

当受限区域为锥形时,根据底面截面的形状的不同,锥体可分为圆锥形与椭圆锥形区域。在区域直角坐标系中,锥形受限区域构型可表示为

$$\frac{(x-x_0)^2}{x_r^2} + \frac{(y-y_0)^2}{y_r^2} - \frac{(z-z_0)^2}{z_r^2} \leqslant 0 \qquad (3.46)$$

式中:(x_0,y_0,z_0)为锥体底面中心相对原点的偏移量;(x_r,y_r)为底面截面曲线弦长;z_r为锥体高度。

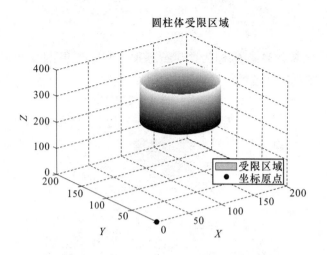

图 3.16　受限区域为圆柱体的空间构型

　　当 $x_r = y_r$ 时为圆锥体,当 $x_r \neq y_r$ 时为椭圆锥体。图 3.17 给出了底面中心为 $(100\text{km}, 100\text{km}, 280\text{km})$、底面截面半径为 50km、高度为 160km 的圆锥体受限区域构型,椭圆锥体可以类似得出。

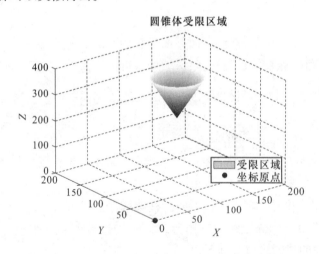

图 3.17　受限区域为圆锥体的空间构型

　　以上讨论了 4 种最基本的空间区域构型。在实际情况中,根据任务要求、目标工作方式等的不同,受限区域可能不是以上 4 种区域中的任何一种,但却可以由这 4 种基本空间构型组合而成,或者是这 4 种构型的变形。例如,若受限区域为圆台构型时,则可以由两个圆锥体互相消去而构成。

3.3.1.3 受限区域构型分析

根据实际约束条件,悬停航天器只能在相对于目标航天器某一预先定义的受限区域内运动。不失一般性,假设受限区域为椭圆柱体空间构型,该模型可由圆柱体经底面截面尺度变换,然后再经坐标系旋转得到。

在平面 $O'-b_1b_2$ 中,限制区域的截面为椭圆曲线。设椭圆曲线的长半轴为 τ_1、短半轴为 τ_2,如图 3.18 所示。

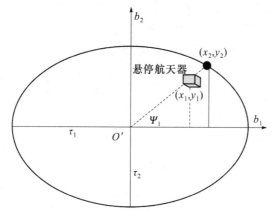

图 3.18 受限区域平面内约束

设悬停航天器在该区域内的位置表示为 (x_1,y_1),则

$$
\psi_1 = \begin{cases}
\arctan \dfrac{y_1}{x_1}, & x_1 > 0, y_1 \geqslant 0 \\[2mm]
2\pi + \arctan \dfrac{y_1}{x_1}, & x_1 > 0, y_1 < 0 \\[2mm]
\pi + \arctan \dfrac{y_1}{x_1}, & x_1 < 0
\end{cases}
\tag{3.47}
$$

式中:ψ_1 为 $O'x_1$ 与 $O'b_1$ 之间的夹角,表示悬停航天器在椭圆区域上的相位,逆时针为正。

则根据椭圆计算公式,直线 $O'x_1$ 与椭圆区域边界的交点 $(x_2、y_2)$ 可以表示为

$$
\begin{pmatrix} x_2 \\ y_2 \end{pmatrix} = \begin{pmatrix} \dfrac{\tau_1\tau_2\cos\psi_1}{\sqrt{\tau_1^2\sin^2\psi_1 + \tau_2^2\cos^2\psi_1}} \\[4mm] \dfrac{\tau_1\tau_2\sin\psi_1}{\sqrt{\tau_1^2\sin^2\psi_1 + \tau_2^2\cos^2\psi_1}} \end{pmatrix}
\tag{3.48}
$$

可见,悬停航天器在该平面内的位置参数必须满足以下关系,才能保证其处于该受限区域内:

$$\begin{cases} x_1^2 + y_1^2 \leqslant x_2^2 + y_2^2, x_1 \neq 0 \\ |y_1| \leqslant |y_2|, x_1 = 0 \end{cases} \qquad (3.49)$$

设受限区域的高度为 H,如图 3.19 所示,则要求悬停航天器在 $O' - b_1 b_2 b_3$ 坐标系中的位置 z_1 不能超过椭圆柱体的高度 H,即

$$0 \leqslant z_1 \leqslant H \qquad (3.50)$$

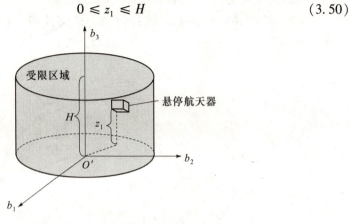

图 3.19 受限区域平面外约束

3.3.2 区域悬停轨道控制

3.3.2.1 相对运动控制模型

当悬停航天器对目标航天器进行详细侦察时,悬停航天器与目标航天器之间的相对距离与目标航天器的轨道高度相比属于小量,因此,悬停航天器相对于目标航天器的运动可以用近距离相对运动动力学模型来描述,即

$$\begin{pmatrix} \rho_i \\ \dot{\rho}_i^- \end{pmatrix} = \begin{bmatrix} \Phi_{11}(t_{i-1,i}) & \Phi_{12}(t_{i-1,i}) \\ \Phi_{21}(t_{i-1,i}) & \Phi_{22}(t_{i-1,i}) \end{bmatrix} \begin{pmatrix} \rho_{i-1} \\ \dot{\rho}_{i-1}^+ \end{pmatrix} \qquad (3.51)$$

式中:上角标"$-$"表示施加脉冲前的速度;上角标"$+$"表示施加脉冲后的速度;$(\rho_i, \dot{\rho}_i) = (x, y, z, \dot{x}, \dot{y}, \dot{z})$,为悬停航天器在点 i 处的相对运动状态;$t_{i-1,i}$ 为航天器在点 $(i-1)$ 与点 i 之间的自由飞行时间。

令 $T = t_{i-1,i}$,则

$$\begin{bmatrix} \Phi_{11} & \Phi_{12} \\ \Phi_{21} & \Phi_{22} \end{bmatrix} =$$

$$
\begin{bmatrix}
4-3\cos nT & 0 & 0 & \dfrac{\sin nT}{n} & \dfrac{2(1-\cos nT)}{n} & 0 \\[2ex]
6(\sin nT - nT) & 1 & 0 & -\dfrac{2(1-\cos nT)}{n} & \dfrac{4\sin nT - 3nT}{n} & 0 \\[2ex]
0 & 0 & \cos nT & 0 & 0 & \dfrac{\sin nT}{n} \\[2ex]
3w\sin nT & 0 & 0 & \cos nT & 2\sin nT & 0 \\[1ex]
-6n(1-\cos nT) & 0 & 0 & -2\sin nT & 4\cos nT - 3 & 0 \\[1ex]
0 & 0 & -n\sin nT & 0 & 0 & \cos nT
\end{bmatrix}
$$

$$\tag{3.52}$$

悬停航天器在点 $(i-1)$ 处脉冲后的速度为

$$
\dot{\rho}_{i-1}^{+} = \Phi_{12}^{-}(T)\left[\rho_i - \Phi_{11}(T)\rho_{i-1}\right] \tag{3.53}
$$

展开得

$$
\begin{pmatrix} \dot{x}_{i-1}^{+} \\[1ex] \dot{y}_{i-1}^{+} \\[1ex] \dot{z}_{i-1}^{+} \end{pmatrix} = n
$$

$$
\begin{bmatrix}
\dfrac{-4S+3nTC}{8-3nTS-8C} & \dfrac{2-2C}{8-3nTS-8C} & 0 & \dfrac{4S-3nT}{8-3nTS-8C} & \dfrac{-2+2C}{8-3nTS-8C} & 0 \\[2.5ex]
\dfrac{-14+6nTS+14C}{8-3nTS-8C} & \dfrac{-S}{8-3nTS-8C} & 0 & \dfrac{2-2C}{8-3nTS-8C} & \dfrac{S}{8-3nTS-8C} & 0 \\[2.5ex]
0 & 0 & \dfrac{-C}{S} & 0 & 0 & \dfrac{1}{S}
\end{bmatrix}
\begin{bmatrix} x_{i-1} \\[1ex] y_{i-1} \\[1ex] z_{i-1} \\[1ex] x_i \\[1ex] y_i \\[1ex] z_i \end{bmatrix}
$$

$$\tag{3.54}$$

式中

$$
\begin{cases} S = \sin(nT) \\ C = \cos(nT) \end{cases}
$$

注意到,式(3.54)右边 y_{i-1} 与 y_i 的系数恰好符号相反,所以,式(3.54)又可以表示为以下形式:

$$
\begin{pmatrix} \dot{x}_{i-1}^{+} \\[1ex] \dot{y}_{i-1}^{+} \\[1ex] \dot{z}_{i-1}^{+} \end{pmatrix} = n
$$

$$\begin{bmatrix} \dfrac{-4S+3nTC}{8-3nTS-8C} & 0 & \dfrac{4S-3nT}{8-3nTS-8C} & 0 & \dfrac{-2+2C}{8-3nTS-8C} \\[3mm] \dfrac{-14+6nTS+14C}{8-3nTS-8C} & 0 & \dfrac{2-2C}{8-3nTS-8C} & 0 & \dfrac{S}{8-3nTS-8C} \\[3mm] 0 & -\dfrac{C}{S} & 0 & \dfrac{1}{S} & 0 \end{bmatrix} \begin{bmatrix} x_{i-1} \\ z_{i-1} \\ x_i \\ z_i \\ \Delta y_i \end{bmatrix}$$

$$\tag{3.55}$$

式中:$\Delta y_i = y_i - y_{i-1}$,表示脉冲点 i、$i-1$ 之间的相对位置,即悬停航天器在施加脉冲控制后的速度在沿迹向上仅与其相对位置有关,而与绝对位置无关。

同理,可得悬停航天器在点 i 处脉冲前的速度为

$$\begin{aligned} \dot{\rho}_i^- &= \Phi_{21}(T)\rho_{i-1} + \Phi_{22}(T)\dot{\rho}_{i-1}^+ \\ &= \Phi_{21}(T)\rho_{i-1} + \Phi_{22}(T)\Phi_{12}^-(T)\left[\rho_i - \Phi_{11}(T)\cdot\rho_{i-1}\right] \end{aligned} \tag{3.56}$$

则悬停航天器在点 $i-1$ 处脉冲前的速度可以表示为

$$\begin{aligned} \dot{\rho}_{i-1}^- &= \Phi_{21}(T)\rho_{i-2} + \Phi_{22}(T)\dot{\rho}_{i-2}^+ \\ &= \Phi_{21}(T)\rho_{i-2} + \Phi_{22}(T)\Phi_{12}^-(T)\left[\rho_{i-1} - \Phi_{11}(T)\cdot\rho_{i-2}\right] \end{aligned} \tag{3.57}$$

展开得

$$\begin{pmatrix} \dot{x}_{i-1}^- \\ \dot{y}_{i-1}^- \\ \dot{z}_{i-1}^- \end{pmatrix} = n$$

$$\begin{bmatrix} \dfrac{-4S+3nT}{8-3nTS-8C} & \dfrac{-2+2C}{8-3nTS-8C} & 0 & \dfrac{4S-3nTC}{8-3nTS-8C} & \dfrac{2-2C}{8-3nTS-8C} & 0 \\[3mm] \dfrac{2-2C}{8-3nTS-8C} & \dfrac{-S}{8-3nTS-8C} & 0 & \dfrac{-14+6nTS+14C}{8-3nTS-8C} & \dfrac{S}{8-3nTS-8C} & 0 \\[3mm] 0 & 0 & -\dfrac{1}{S} & 0 & 0 & \dfrac{C}{S} \end{bmatrix} \begin{bmatrix} x_{i-2} \\ y_{i-2} \\ z_{i-2} \\ x_{i-1} \\ y_{i-1} \\ z_{i-1} \end{bmatrix}$$

$$\tag{3.58}$$

同样对上式进行整理,得

$$\begin{pmatrix} \dot{x}_{i-1}^- \\ \dot{y}_{i-1}^- \\ \dot{z}_{i-1}^- \end{pmatrix} = n$$

$$\begin{bmatrix} \dfrac{-4S+3nT}{8-3nTS-8C} & 0 & \dfrac{4S-3nTC}{8-3nTS-8C} & 0 & \dfrac{2-2C}{8-3nTS-8C} \\ \dfrac{2-2C}{8-3nTS-8C} & 0 & \dfrac{-14+6nTS+14C}{8-3nTS-8C} & 0 & \dfrac{S}{8-3nTS-8C} \\ 0 & -\dfrac{1}{S} & 0 & \dfrac{C}{S} & 0 \end{bmatrix} \begin{bmatrix} x_{i-2} \\ z_{i-2} \\ x_{i-1} \\ z_{i-1} \\ \Delta y_{i-1} \end{bmatrix} \quad (3.59)$$

式中：$\Delta y_i = y_{i-1} - y_{i-2}$，表示脉冲点 $i-1$、$i-2$ 之间的相对位置，即悬停航天器在施加脉冲控制前的速度在沿迹向上同样仅与其相对位置有关，而与绝对位置无关。

根据式(3.55)和式(3.58)即可计算出航天器在点 $i-1$ 处需要施加的脉冲控制量，即

$$\Delta v_{i-1} = \dot{\rho}_{i-1}^{+} - \dot{\rho}_{i-1}^{-} = f_3(\rho_{i-1}, \rho_i, t_{i-1,i}, T) \quad (3.60)$$

3.3.2.2 轨道设计约束

区域悬停轨道的设计约束主要是分析悬停航天器的相对运动轨迹与受限区域的相对位置关系。由于悬停航天器在目标航天器轨道平面内与平面外的相对运动是解耦的，所以，可以分别从目标航天器轨道平面内与平面外两个方面来研究区域悬停轨道的设计约束。

1. 平面内轨迹约束

在目标航天器轨道平面内，悬停航天器在相邻两个脉冲点之间的相对运动轨迹随着自由飞行时间的增加会逐渐变大，当两个脉冲点之间的飞行时间足够大时，悬停航天器的相对运动轨迹就会超出受限区域，如图3.20所示。

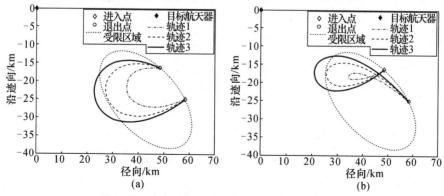

图 3.20　飞行时间不同时航天器的相对运动轨迹

图3.20中的虚线椭圆表示在目标航天器轨道坐标系内的一个椭圆形受限区域，图(a)中的轨迹1、轨迹2和轨迹3的飞行时间分别为 $1.5932 \times 10^4\mathrm{s}$、$2.0472 \times 10^4\mathrm{s}$ 和 $2.2932 \times 10^4\mathrm{s}$；图(b)中的轨迹1、轨迹2和轨迹3的飞行时间分别为 $1.3520 \times 10^4\mathrm{s}$、$1.7520 \times 10^4\mathrm{s}$ 和 $1.9720 \times 10^4\mathrm{s}$。显而易见，轨迹3由于自由飞行时

间过大,导致追踪致航天器的相对运动轨迹超出了受限区域的范围。

因此,对于脉冲控制下的近距离相对运动而言,若 T'_{max} 为悬停航天器在相邻两脉冲点之间可允许的最大自由飞行时间,则只有当悬停航天器的自由飞行时间 $T \leqslant T'_{max}$ 时,相对运动轨迹才不会超出限制区域的范围。

假设受限区域构型为如图 3.21 所示的椭圆区域。

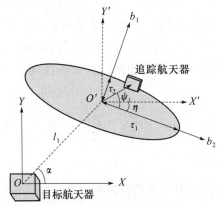

图 3.21　目标航天器轨道平面内区域约束示意图

图中,OXY 是目标航天器轨道平面内的坐标系,Y 轴与目标沿迹向方向一致,X 轴与目标径向方向一致,$O'X'Y'$ 为平移坐标系,$O'b_1b_2$ 为区域平面内的直角坐标;l_1 表示区域中心距离目标航天器的距离,α 表示区域中心在目标航天器轨道坐标系中的方位角,η 表示 $O'b_1b_2$ 相对 $O'X'Y'$ 旋转的角度,τ_1、τ_2 表示椭圆区域构型的大小;ψ_i 表示悬停航天器在区域中的相位大小,沿 $O'b_2$ 轴逆时针旋转为正。

假设脉冲点施加的位置都是在受限区域的边界处,则脉冲点施加的位置坐标(x_i、y_i)可以用悬停航天器在受限区域平面内的相位 ψ_i 来表示。设任意的两个相邻脉冲点 i、$i+1$ 的相位分别为 ψ_i、ψ_{i+1},当给定受限区域的构型时,则在脉冲点 i、$i+1$ 之间对应着最大的自由飞行时间 $T_{max}(\psi_i, \psi_{i+1})$。当遍取区域上所有的边界点,则可得到任意相邻脉冲点之间的最大自由飞行时间的分布曲线。求取最大自由飞行时间算法的计算流程如图 3.22 所示。

图中,T_{upper}、T_{low} 分别是飞行时间的上、下限初始化值;以对高轨目标航天器的观测任务为例,由于观测任务时间一般都小于目标航天器的轨道周期,所以取 $T_{low} = 0$,T_{upper} 为目标航天器的一个轨道周期;t_{ol} 是允许误差。

以地球静止轨道目标航天器为例,若受限区域构型参数为 $\alpha = -30°$,$l_1 = 50m$,$\eta = 30°$,$\tau_1 = 20m$,$\tau_2 = 10m$,则悬停航天器在任意两点之间的最大自由飞行时间分布曲线如图 3.23 所示。

图中,图(a)为悬停航天器自由飞行时间分布曲线,图(b)为受限区域在目标轨道平面中的相对构型,图 3.24 ~ 图 3.27 中的情况都类似,以后不再赘述。

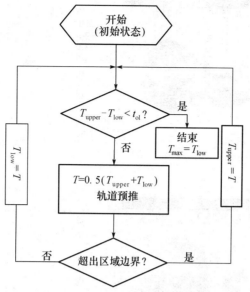

图 3.22　飞行时间约束计算流程

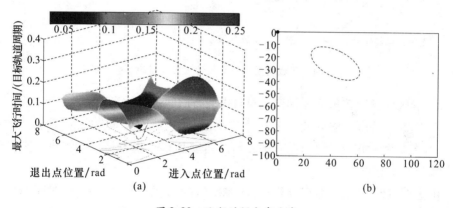

(a)　　　　　　　　　　　　(b)

图 3.23　飞行时间分布曲线

以图 3.23 中的受限区域参数为参考基准,分别从椭圆区域的大小(τ_1、τ_2)、旋转方位角 η 以及区域中心相对目标航天器的距离 l_1、方位角 α 4 个方面的变化来研究自由飞行时间分布曲线的变化规律。

1）区域相对构型大小(τ_1、τ_2)变化对自由飞行时间分布的影响

图 3.24 是椭圆受限区域相对构型大小(τ_1、τ_2)变化时对自由飞行时间分布曲线的影响,其中图(a)中椭圆区域构型大小是 $\tau_1 = 30\text{m}$、$\tau_2 = 15\text{m}$,图(b)中椭圆区域构型大小是 $\tau_1 = 40\text{m}$、$\tau_2 = 20\text{m}$,椭圆区域的大小分别是基准参数的 1.5 倍和 2 倍。

由仿真结果可知,当其他条件相同时,受限区域的构型越大,自由飞行时间分布的范围越大。

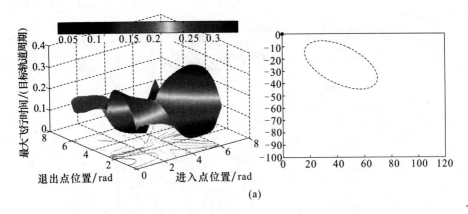

(a)

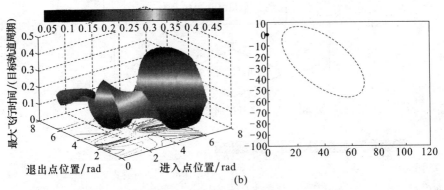

(b)

图 3.24   区域构型大小变化对飞行时间的影响

2）椭圆区域旋转角度 η 的变化对自由飞行时间分布的影响

图 3.25 是椭圆受限区域旋转角度的变化对飞行时间分布曲线的影响。其中，图（a）中旋转的角度是 45°，图（b）中旋转的角度是 60°，椭圆区域的大小分别是基准参数的 1.5 倍和 2 倍。

由仿真结果可知，在第四象限中，区域旋转的角度越大，自由飞行时间的分布范围越大，但是与其他参数相比，其对自由飞行时间的影响较小。

3）区域中心相对目标航天器的距离 l_1 变化对自由飞行时间分布的影响

图 3.26 是椭圆受限区域中心相对目标航天器的距离 l_1 变化对自由飞行时间分布曲线的影响。其中，图（a）中区域中心距离目标航天器 75m，图（b）中区域中心距离目标航天器 100m，相对距离分别是基准参数的 1.5 倍和 2 倍。

由仿真结果可知，当其他条件相同时，区域中心距离目标航天器越远，自由飞行时间分布的范围越小。

4）区域中心相对目标航天器的方位 α 变化对自由飞行时间分布的影响

图 3.27 是区域中心相对目标航天器的方位 α 变化对自由飞行时间分布曲线的影响。其中，图（a）中的方位角为 $-45°$，图（b）中的方位角为 $-60°$，分别是基准参数的 1.5 倍和 2 倍。

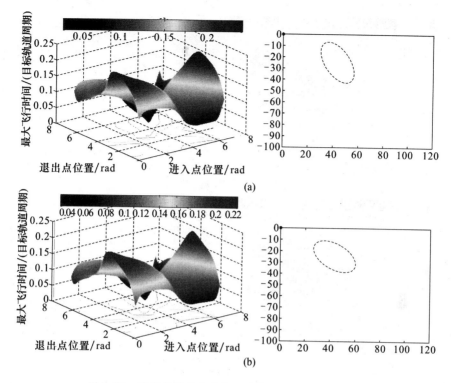

图 3.25　区域旋转的角度变化对自由飞行时间的影响

由仿真结果可知,区域中心的方位角越大,自由飞行时间分布的范围越大。

2. 平面外轨迹约束

根据相对运动动力学模型,悬停航天器在目标航天器轨道平面外的相对运动方程为

$$\ddot{z} + n^2 z - a_{cz} = 0 \tag{3.61}$$

如果已知悬停航天器在目标航天器轨道坐标系中法向的初始位置 z_0 和初始速度 $\dot{z}_0$ 状态,则上式的解为

$$
\begin{cases}
z = \dfrac{\dot{z}_0}{n}\sin nt + z_0 \cos nt = \sqrt{\left(\dfrac{\dot{z}_0}{n}\right)^2 + (z_0)^2}\,\sin(nt + \varphi) = Z\sin(nt + \varphi) \\[4mm]
\dot{z} = \dot{z}_0 \cos nt - n z_0 \sin nt = n\sqrt{\left(\dfrac{\dot{z}_0}{n}\right)^2 + (z_0)^2}\,\cos(nt + \varphi) = nZ\cos(nt + \varphi)
\end{cases}
\tag{3.62}
$$

式中:

$$\tan\varphi = \frac{n z_0}{\dot{z}_0}$$

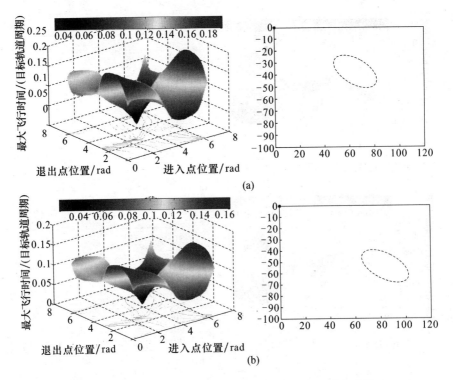

图 3.26　区域中心相对目标航天器距离对自由飞行时间的影响

$$Z = \sqrt{\left(\frac{\dot{z_0}}{n}\right)^2 + (z_0)^2}$$

式中：Z 是当悬停航天器的初始状态确定后，悬停航天器在目标航天器轨道坐标系法向上与目标航天器的最远相对距离。

由式(3.62)可知，悬停航天器在目标航天器轨道坐标系法向上的运动状态与其在法向的初始相对位置和初始相对速度有关，且相对运动为简谐运动，幅度为 Z。

悬停航天器在目标航天器轨道坐标系法向上的约束条件可以根据区域的构型参数计算得到，若区域构型如图 3.28 所示，则有

$$\begin{cases} Z_{min} = l\sin\beta \\ Z_{max} = l\sin\beta + H \end{cases} \tag{3.63}$$

式中：H 为受限区域在目标轨道坐标系法向上的高度；Z_{min}、Z_{max} 分别表示悬停航天器在目标航天器轨道坐标系法向上相对目标航天器可达的最近端、最远端距离。

（1）当 $Z \leq Z_{max}$ 时，悬停航天器在无控下状态不会超出受限区域的最远端，此时，只需要考虑悬停航天器在受限区域近端处的轨道控制问题。当悬停航天器运动到区域近端处并且向目标航天器继续靠近时，则需要施加脉冲控制才能使得悬

58

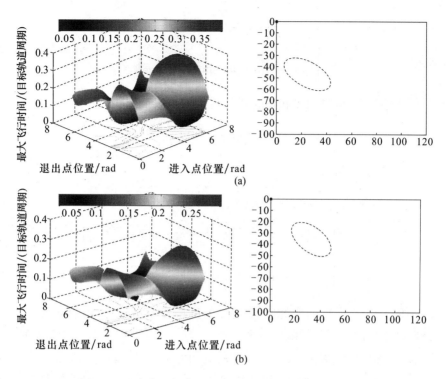

(a)

(b)

图 3.27 区域中心相对目标航天器的方位对飞行时间的影响

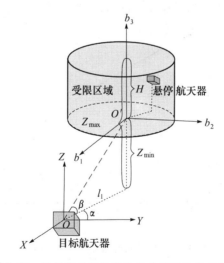

图 3.28 目标航天器轨道平面外区域约束示意图

停航天器保持在受限区域范围内。在区域近端处时,悬停航天器的相对运动状态满足如下条件:

$$Z\sin(nt + \varphi) = Z_{\min} \tag{3.64}$$

解之得

$$\begin{cases} t_1 = \dfrac{1}{n}\Big[\arcsin\Big(\dfrac{Z_{\min}}{Z}\Big) - \varphi \Big] \\[3mm] t_2 = \dfrac{1}{n}\Big[\pi - \arcsin\Big(\dfrac{Z_{\min}}{Z}\Big) - \varphi \Big] \end{cases} \tag{3.65}$$

从而,可得相邻两次脉冲控制的时间间隔为

$$\Delta t = t_2 - t_1 = \frac{1}{w}\Big[\pi - 2\arcsin\Big(\frac{Z_{\min}}{Z}\Big) \Big] \tag{3.66}$$

则控制所需要的脉冲量大小为

$$\begin{aligned} \Delta v = \dot{z}_1 - \dot{z}_2 &= nZ\big[\cos(nt_1 + \varphi) - \cos(nt_2 + \varphi) \big] \\ &= nZ\Big[\cos\Big(\arcsin\Big(\frac{Z_{\min}}{Z}\Big)\Big) - \cos\Big(\pi - \arcsin\Big(\frac{Z_{\min}}{Z}\Big)\Big) \Big] \\ &= nZ\Big[\cos\Big(\arcsin\Big(\frac{Z_{\min}}{Z}\Big)\Big) + \frac{Z_{\min}}{Z} \Big] \end{aligned} \tag{3.67}$$

图 3.29 给出了相邻两次脉冲控制时间间隔随 $Z_{\min}/Z$ 变化的曲线。可见,$Z_{\min}/Z$ 越大,则控制的时间间隔就越短。图中,当 $Z_{\min}/Z=0$ 时,即受限区域近端恰好处于目标航天器轨道面上,此时脉冲控制周期为半个目标轨道周期;当 $Z_{\min}/Z=1$ 时,即悬停航天器被限定于目标轨道法向的顶端处,此时脉冲控制的时间间隔为 0,即必须对悬停航天器施加连续的推力控制。

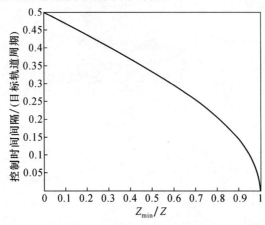

图 3.29 控制间隔与 $Z_{\min}/Z$ 的关系

(2) 当 $Z \geqslant Z_{\max}$ 时,悬停航天器在法向上需要进行控制,控制时刻为

$$\begin{cases} Z\sin(nt_1 + \varphi) = Z_{\min} \\ Z\sin(nt_2 + \varphi) = Z_{\max} \end{cases} \tag{3.68}$$

解之得

$$\begin{cases} t_1 = \dfrac{1}{n}\left[\arcsin\left(\dfrac{Z_{\min}}{Z}\right) - \varphi\right] \\ t_2 = \dfrac{1}{n}\left[\arcsin\left(\dfrac{Z_{\max}}{Z}\right) - \varphi\right] \end{cases} \tag{3.69}$$

从而，控制的时间间隔为

$$\Delta t = \dfrac{1}{n}\left[\arcsin\left(\dfrac{Z_{\max}}{Z}\right) - \arcsin\left(\dfrac{Z_{\min}}{Z}\right)\right] \tag{3.70}$$

根据相对运动动力学方程可以在相应的控制节点处计算得到每次控制需要的脉冲量大小，在此不具体阐述。

图 3.30 给出了脉冲控制的时间间隔随 $Z_{\max}/Z$、$Z_{\min}/Z$ 的变化曲线。由图可见，随着 $Z_{\min}/Z$ 变大，或者随着 $Z_{\max}/Z$ 变小，则相邻两次脉冲控制的时间间隔随之逐渐变小。从图中还可以看出，当 $Z_{\max}/Z = Z_{\min}/Z$ 时，法向的脉冲控制时间间隔为 0，即变为连续推力控制。

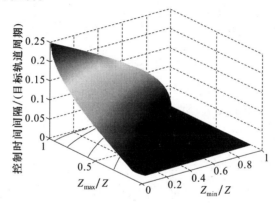

图 3.30　控制时间间隔与 $Z_{\min}/Z$、$Z_{\max}/Z$ 的关系

3. 其他约束

区域悬停轨道的设计与控制除了需要满足航天器的相对运动轨迹约束之外，还需要考虑其他很多的因素。例如，在受限区域构型参数设计方面，需要考虑任务对受限区域的大小、方位等的要求；在区域悬停轨道控制方面，悬停航天器推力大小与推力方向的限制是设计轨道控制序列时所必须考虑的因素。

3.3.3　单次脉冲区域悬停轨道

与定点悬停轨道复杂的姿轨耦合控制相比，区域悬停轨道的优势是实现了轨道控制与姿态控制的分离。悬停航天器只需要在受限区域的边界实施轨道控制，而当悬停航天器位于空间受限区域内时，只需要进行姿态指向控制。这种姿轨控制分离的方式给悬停航天器的控制带来极大好处，可以极大地拓展区域悬停轨道的应用范围。本节研究在单次脉冲控制下的区域悬停轨道的两种优化控制方式，即能量消耗速率最小与时间固定两种模式。

3.3.3.1　能量消耗速率最小模式

对于某些空间任务(如在轨服务、关键模块替换与修理等)而言,悬停航天器在受限区域内的飞行时间不是预先设定好的,而是随着任务的延伸,飞行时间不断延长。因此,需要以整个任务期间悬停航天器的能量消耗速率最小为优化指标。

悬停航天器从受限区域的某一边界点进入(称为进入点),从另一边界点退出(称为退出点)。由于脉冲点在区域中的位置坐标可以用其相位角表示,即用 ψ_1、ψ_2 来表示进入点与退出点的位置。假设初始点 ψ_1 的状态 $(\rho_1,\dot{\rho}_1^-)$ 及退出点 ψ_2 的状态 ρ_2 均为已知,则在此相邻脉冲点之间的自由飞行时间 T 可由式(3.60)确定。而 Δv 仅为变量 T 的函数,可表示为

$$\Delta v = \dot{\rho}_1^+ - \dot{\rho}_1^- = f(T) \tag{3.71}$$

以悬停航天器平均速度改变量作为优化指标:

$$J = \sum |\Delta v_j| / \sum T_j \tag{3.72}$$

式中:Δv_j 表示第 j 次施加轨道控制时需要的速度增量。

由于能量消耗与方向无关,所以,取如下指标函数:

$$J = \sum \Delta v_j^2 / \sum T_j \tag{3.73}$$

对于单次脉冲控制,则有

$$J = \Delta v_j^2 / T_j = f^2(T_j) / T_j \tag{3.74}$$

式中:$\Delta v_j = (\rho_{i-1}^+)_j - \dot{\rho}_{i-1}^- = f(T_j)$ 为悬停航天器在进入点处第 j 次施加控制时的速度改变量;T_j 为悬停航天器的单次自由飞行时间。

虽然式(3.74)是一个包含反三角函数和多项式在内的复合函数,且形式复杂,很难给出显式的表达式,但是不会影响到仿真程序的编写及优化结果的实现。具体优化设计模型为

$$J = \min(f^2(T_j)/T_j)$$

$$\text{S. T.} \begin{cases} f(T_j) = \Delta v_j \\ X(t_0) = \rho_{i-1} \\ X(t_0 + T_j) = \rho_i \\ 0 \leqslant T_j \leqslant T_{\max}(i-1,i) \end{cases} \tag{3.75}$$

式(3.75)中优化变量仅为 T_j。注意,T_j 取值应该小于其最大自由飞行时间 $T_{\max}(i-1,i)$。

62

设区域构型参数为 $\alpha = -30°, l = 50\text{m}, \eta = 30°, \tau_1 = 20\text{m}, \tau_2 = 30\text{m}$,悬停航天器进入点位置 $\psi_1 = 90°$,其在初始点处脉冲前的速度在目标航天器轨道坐标系的径向与沿迹向上均为 1m/s,仿真要求悬停航天器的退出点位置 ψ_2 在区域坐标系中的位置分别为 $0°$、$180°$、$270°$。利用 Matlab 的 GA 优化工具箱分别求取其最优自由飞行时间 T,结果如表 3.3 所列。

表 3.3 优化结果

进入点位置/(°)	退出点位置/(°)	最大自由飞行时间/s	最优自由飞行时间/s	平均速度改变量/(m/s²)	最小速度增量/(m/s)
90	0	2.1794×10^4	2.1794×10^4	9.3352×10^{-4}	2.0345
90	90	1.8231×10^4	1.8231×10^4	1.1244×10^{-4}	2.0499
90	180	1.0683×10^4	1.0683×10^4	1.8854×10^{-4}	2.0142
90	270	1.4426×10^4	1.4426×10^4	1.3954×10^{-4}	2.0130

图 3.31 ~ 图 3.34 给出了上述 4 种情况下的指标函数与自由飞行时间的关系曲线以及最优相对运动轨迹,其中,图(a)为指标函数与自由飞行时间的关系曲线,图(b)为最优相对运动轨迹。

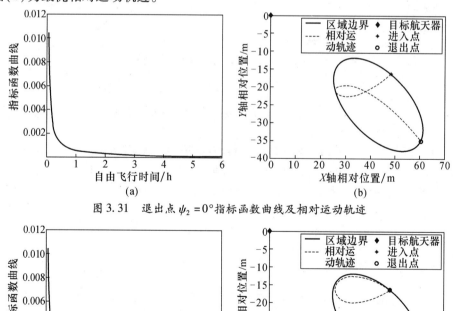

图 3.31 退出点 $\psi_2 = 0°$ 指标函数曲线及相对运动轨迹

图 3.32 退出点 $\psi_2 = 90°$ 指标函数曲线及相对运动轨迹

63

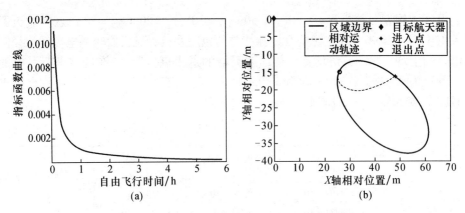

图 3.33　退出点 $\psi_2 = 180°$ 指标函数曲线及相对运动轨迹

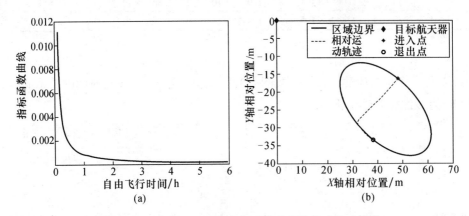

图 3.34　退出点 $\psi_2 = 270°$ 指标函数曲线及相对运动轨迹

可见，在同一种情况下，随着自由飞行时间的增加，平均速度增量会逐渐减少。所以，优化的任务就是使得悬停航天器在受限区域中的自由飞行时间尽可能长。

因此，在能量消耗速率最小模式下，相邻脉冲点间的自由飞行时间应该越长越好。考虑到飞行时间不能超出其最大自由飞行时间约束，所以，最优自由飞行时间应该取进入点和退出点之间的最大自由飞行时间。

3.3.3.2　时间固定模式

对于一些对时间比较敏感的任务（如近距离侦察与监视）而言，悬停航天器的任务时间节点是预先设置好的，任务时间一结束，就必须退出当前任务或者进行下一阶段的任务中。由于此类任务的时间是固定的，因此，可以取任务期间总能量的消耗最少为优化指标。

悬停航天器从受限区域边界上的某一点进入，干扰一段时间 T 后必须离开。所以，已知条件是进入点 ψ_1 的位置 ρ_1、脉冲前的速度 $\dot{\rho}_1^-$ 以及执行任务的时间 T。

设悬停航天器从 ψ_2 点退出受限区域，则由式(3.60)可知，Δv 仅为变量 ρ_2 的

函数,表示为

$$\Delta v = \dot{\rho}_1^+ - \dot{\rho}_1^- = f(\rho_2) \tag{3.76}$$

以悬停航天器总的速度改变量为优化指标,即

$$J = \sum \Delta |v_i| \tag{3.77}$$

式中:$\Delta v_i = \dot{\rho}_i^+ - \dot{\rho}_i^-$ 表示悬停航天器在点 i 处施加轨道控制时需要的速度改变量。

由于能量的消耗与速度增量的方向无关,所以取如下指标函数:

$$J = \sum \Delta v_i^2 \tag{3.78}$$

对于单次脉冲控制有

$$\Delta v^2 = f^2(\rho_2) = E\rho_2^2 + F\rho_2 + G \tag{3.79}$$

式中:

$$E = w^2 B_1^2 + w^2 D_1^2$$

$$F = 2w[(wA_1\rho_1 - \dot{x}_1^-)B_1 + (wC_1\rho_1 - \dot{y}_1^-)D_1]$$

$$G = w^2(A_1^2 + C_1^2)\rho_1^2 - 2w(A_1\dot{x}_1^- + C_1\dot{y}_1^-)\rho_1 + \dot{x}_1^{-2} + \dot{y}_1^{-2}$$

$$A_1 = \left[\frac{-4S + 3wTC}{8 - 3wTS - 8C} \quad \frac{2 - 2C}{8 - 3wTS - 8C}\right]$$

$$B_1 = \left[\frac{4S - 3wT}{8 - 3wTS - 8C} \quad \frac{-2 + 2C}{8 - 3wTS - 8C}\right]$$

$$C_1 = \left[\frac{-14 + 6wTS + 14C}{8 - 3wTS - 8C} \quad \frac{-S}{8 - 3wTS - 8C}\right]$$

$$D_1 = \left[\frac{2 - 2C}{8 - 3wTS - 8C} \quad \frac{S}{8 - 3wTS - 8C}\right]$$

对于不同的退出位置 ρ_2^j,有

$$\Delta v_j^2 = E(\rho_2^j)^2 + F\rho_2^j + G \tag{3.80}$$

式中:ρ_2^j 表示悬停航天器拟定的第 j 个退出点位置。

因此,优化模型可以表示为

$$J = \min(\Delta v_j^2)$$

$$\text{S. T.} \begin{cases} \Delta v = f(\rho_2^j) \\ X(t_0) = \rho_1 \\ X(t_0 + T) = \rho_2^j \\ 0 \leqslant T \leqslant T_{\max}(1, j) \end{cases} \tag{3.81}$$

式(3.81)中未知量仅为 ρ_2^j。注意,对于优化得到的退出点位置 ψ_2^j,应该使得其最大自由飞行时间 $T_{\max}(1,j)$ 大于任务时间 T。

设区域的构型参数为 $\alpha = -30°$,$l = 50\mathrm{m}$,$\eta = 30°$,$\tau_1 = 20\mathrm{m}$,$\tau_2 = 30\mathrm{m}$,悬停航天器进入点的位置 $\psi_1 = 90°$,其在初始点处的脉冲前的速度在目标航天器轨道坐标系的径向与沿迹向上均为 $1\mathrm{m/s}$,任务时间分别为 $2\mathrm{h}$、$4\mathrm{h}$、$6\mathrm{h}$。利用 MATLAB 的 GA 优化工具箱分别求取其最优退出点位置 ψ_2,结果如表 3.4 所列。

表 3.4　优化结果

进入点位置/(°)	任务时间/h	最优退出点位置/(°)	速度改变量/(m/s)
90	2	15.70	1.4153
90	4	6.35	1.4176
90	6	357.91	1.4192

可见,任务时间越长,悬停航天器的速度改变量越大。图 3.35 ~ 图 3.37 给出了上述 3 种情况下的指标函数与退出点的关系曲线以及最优相对运动轨迹。其中,图(a)为指标函数与退出点位置关系曲线,图(b)为最优相对运动轨迹。

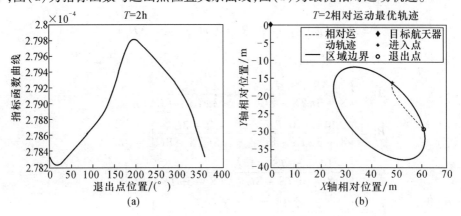

图 3.35　干扰时间为 2h 的指标函数曲线及相对运动轨迹

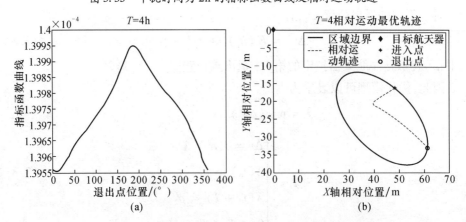

图 3.36　干扰时间为 4h 的指标函数曲线及相对运动轨迹

66

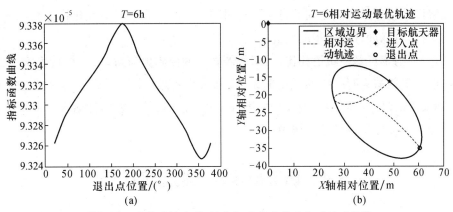

图 3.37 干扰时间为 6h 的指标函数曲线及相对运动轨迹

由指标函数曲线可知,优化后的退出点位置可以使得每一种情况下悬停航天器执行相应任务的燃料消耗都最少。从上述结果可知,悬停航天器的速度改变量和退出点的位置有关,并且滞留在受限区域内的时间越长,速度改变量也会越大,消耗的燃料会更多。

3.3.4 多脉冲区域悬停轨道

单次脉冲控制下,悬停航天器在受限区域内的飞行时间是有限的,正如 3.3.3 节所述。当任务要求悬停航天器在指定区域停留时间超过最大时间时,悬停航天器的相对运动轨迹就会超出了指定的区域。如图 3.38 所示,任务要求时间为 10h,这表明一次脉冲控制已经不能完成任务要求。对于在轨服务等类任务而言,任务时间往往不可知,有可能会超出单次脉冲控制下所允许的最大自由飞行时间。因此,为增加悬停航天器在受限区域内的自由飞行时间,就必须考虑采用多次脉冲控制的方法。

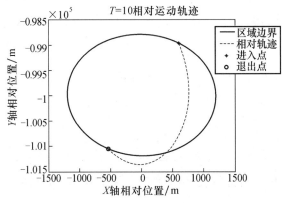

图 3.38 区域悬停 10h 相对运动轨迹

影响多次脉冲控制下的区域悬停轨道的主要有因素脉冲控制次数、每个脉冲点位置以及相邻脉冲点之间的自由飞行时间。针对不同情况下优化指标与控制方法的选择,可以展开进一步的研究。

显然,与定点悬停轨道相比,区域悬停轨道的控制更为简单,在在轨故障检测、在轨监视等领域具有广阔的应用前景,为未来空间操作提供了新的技术手段。注意,当要求的悬停时间超过最大自由飞行时间限制时,就需要施加多次脉冲控制使得悬停航天器保持在指定区域中。

3.4 偏置地球静止轨道设计[①]

由于地球静止轨道(Geostationary Orbit,GEO)上航天器的数量越来越多,而且受到东西方向部署的限制,地球静止轨道变得越来越拥挤。为应对这种问题,美国等国家采用近赤道平面轨道或者赤道轨道来弥补 GEO 轨道的资源的不足。

GEO 轨道上主要运行的卫星包括通信卫星和侦察卫星,其轨道周期与地球自转周期相等,卫星与地面点保持相对静止。利用这个特点,GEO 卫星可为特定区域的地面用户提供连续的通信支持。当然,同样由于这样一个独一无二的优势,各国都在争夺这一宝贵资源,从而使得 GEO 轨道变得越来越拥挤,尤其是陆地上空的区域。为了创造新的 GEO 轨道空间,近年来,有关学者提出了近赤道平面轨道或者赤道轨道等非开普勒轨道(Non – Keplerian Orbit,NKO),即偏置 GEO 轨道(Displaced Geostationary Orbit)。这些 NKO 轨道使用连续推力来平衡当地的地球引力加速度,其轨道的存在、稳定性以及控制已经得到了广泛的研究,而且已经被众多的应用所验证,具体应用包括空间近距离接近、高纬度地区侦察与通信以及月球远端通信等。

偏置轨道通常用于在一个旋转的参考坐标系中寻求二体之间的平衡,可用下面的例子具体说明。图 3.39 中 $R(x_R,y_R,z_R)$ 为一个旋转坐标系,旋转角度为 $\boldsymbol{\omega} = \omega \hat{z}_R$,$I(X,Y,Z)$ 为惯性坐标系,z_R 轴和 Z 轴重合。

为了实现偏置轨道,需要施加一个推力加速度 a,则航天器在旋转坐标系中的运动可表示为

$$\ddot{r} + 2\boldsymbol{\omega} \times \dot{r} + \nabla U = a \tag{3.82}$$

设 μ 为中心体引力常数,U 为中心引力体和其他向心加速度共同的位函数,则

---

① Jeannette Heiligers, Matteo Ceriotti, Colin R. McInnes, et al. Displaced Geostationary Orbit Design Using Hybrid Sail Propulsion[J]. JOURNAL OF GUIDANCE, CONTROL, AND DYNAMICS, 2011, 34(6):1852 – 1866.

68

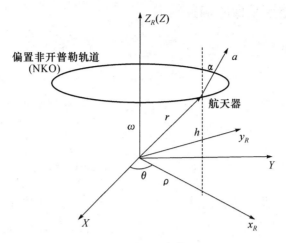

图 3.39　偏置轨道参考坐标系

$$U = -(\mu/r) - \frac{1}{2} \parallel \boldsymbol{\omega} \times \boldsymbol{r} \parallel^2 \qquad (3.83)$$

若方程(3.82)中的 $\dot{\boldsymbol{r}} = \ddot{\boldsymbol{r}} = 0$，则去掉前两项，方程可变为

$$\nabla U = \boldsymbol{a} \qquad (3.84)$$

上式直接给出了保持偏置轨道所必须施加的加速度。

由于 $\boldsymbol{\omega}$ 为定值,因此,要求施加的控制力矢量位于 r 矢径和 Z 轴方向共同确定的平面内,没有横切面内的分量。控制力的方向由倾角 α 描述,即

$$\tan\alpha = \frac{\parallel z_R \times \nabla U \parallel}{z_R \cdot \nabla U} \qquad (3.85)$$

最后, U 可用图 3.39 中的 (ρ,θ,h) 极坐标参数表示,即

$$U = -\left(\frac{1}{2}(\omega\rho)^2 + \frac{\mu}{r} \right) \qquad (3.86)$$

将式(3.86)代入式(3.84)和式(3.85),可以得到施加的推力加速度的大小和方向,即

$$\tan\alpha(\rho,\theta,h) = \frac{\rho}{h}\left(1 - \left(\frac{\omega}{\omega_*} \right)^2 \right) \qquad (3.87)$$

$$a(\rho,\theta,h) = \sqrt{\rho^2(\omega^2 - \omega_*^2)^2 + h^2\omega_*^4} \qquad (3.88)$$

式中: ω_* 为轨道半径相同的开普勒轨道的轨道角速度,即

$$\omega_* = \sqrt{\mu/r^3} = \sqrt{\mu/(\rho^2 + h^2)^{3/2}} \qquad (3.89)$$

3.4.1 偏离轨道平面的偏置轨道

对于 GEO 轨道来说，$\omega = \omega_{\text{GEO}} = \sqrt{\mu/r_{\text{GEO}}^3}$，$r_{\text{GEO}} = 42164.1696\text{km}$，$\omega_{\text{GEO}}$ 和 r_{GEO} 表示 GEO 转道的自转速度和地心距。进一步假设航天器与 GEO 轨道的垂直距离 h（图 3.39）确定，则利用公式（3.88）可寻找最优的 ρ 来使得所需要的加速度最小。对公式（3.88）的 ρ 求一阶导数，可得

$$r^6 + \frac{\mu}{\omega^2}r^3 - 3\frac{\mu}{\omega^2}h^2r - 2\left(\frac{\mu}{\omega^2}\right)^2 = 0 \qquad (3.90)$$

对上述 6 阶方程求解，略去复数根和负根，根据笛卡儿定律，方程（3.90）存在一个正实根。方程（3.90）无法用解析方法求解，可用数值法中的牛顿法求解，求解的结果如图 3.40 所示。

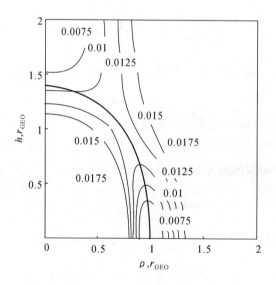

图 3.40　给定 h 下所需的最小加速度轮廓线

图 3.40 中加速度为无量纲量，用加速度与地球表面自转加速度的比值描述。该图表明：偏置轨道离基准轨道面的距离越大，即 h 越大，需要施加的加速度就越大；然而，为防止偏置轨道上的航天器影响到 GEO 轨道上的航天器，最小的 h 一般为事先确定好的。综合考虑国际电信联盟和各国的相关规定，假设偏移高度分别为 35km、75km 和 150 km，按照公式（3.90）求解得到 r，然后利用公式（3.87）可以得到倾角 α，优化后的偏移轨道参数如表 3.5 所列。

70

表 3.5　偏移高度对应的最小加速度

h/km	ρ/km	$\alpha/(°)$	$a/(\text{mm/s}^2)$
±35	42,164.165	0.0476	0.1861
±75	42,164.147	0.1019	0.3988
±150	42,164.080	0.2038	0.7976

从上表可知,倾角 α 接近于 0°。根据公式(3.87)可知,若想要实现 $\alpha = 0°$,则需要 $\omega = \omega_*$,也就是 $r = r_{\text{GEO}}$。将其代入式(3.87)和式(3.88),可以得到

$$\tan\alpha = 0 \tag{3.91}$$

$$a = h\omega_*^2 = \frac{\mu h}{r_{\text{GEO}}^3} \tag{3.92}$$

这就是所谓的 INKO,具体如图 3.41 所示。这种轨道与表 3.5 相比较,所需要的角速度更小,比如对于 150km 的偏移高度,只需要最大为 $6.3 \times 10^{-4}\text{m/s}^2$ 的加速度。

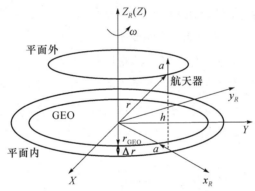

图 3.41　偏离轨道平面的和轨道平面的偏置轨道

3.4.2　轨道平面内的偏置轨道

如图 3.41 所示,轨道平面内的偏置轨道 $h = 0$,将其代入式(3.87)和式(3.88),可得到

$$\alpha = \pm\frac{1}{2}\pi \tag{3.93}$$

$$a = |\rho(\omega_{\text{GEO}}^2 - \omega_*^2)| \tag{3.94}$$

式中:$\omega_* = \sqrt{\mu/\rho^3}$;$\rho = r_{\text{GEO}} + \Delta r$,$\Delta r$ 为偏移量,$\Delta r < 0$ 对应 GEO 轨道内侧,$\Delta r > 0$ 对应外侧。

根据公式(3.93)可知,需要施加的加速度为径向方向,α 的方向取决于 Δr,即

71

$\alpha < 0°$对应指向地心的方向,否则相反。

3.4.3 轨道偏置能量分析

对于上述两种偏置轨道来说,由图3.40可以概略地分析比较出两种轨道维持所需要的加速度。对于同样的偏移量,水平面内的偏移与轨道平面的偏移(沿Z轴方向)相比较,前者需要的加速度是后者的3倍,而且$\Delta r > 0$的偏置轨道需要的加速度与$\Delta r < 0$的相比较略有优势。

如果采用冲量控制、太阳电推进(Solar Electric Propulsion,SEP)、太阳电推进与太阳帆组合推进3种方式分别来实现偏离轨道平面的偏置轨道,那么,脉冲控制方式的控制能力较差,即使对于最小的偏移量35km,这种方式下的保持时间也不会超过几个月。因此,要实现150km和35 km几个月到几年的偏置轨道维持,就需要应用SEP控制方式。但是,即使如此,如果携带100kg的有效载荷,即使是较小的偏移量,能够保持的时间也只有几年。如果在SEP的基础上添加太阳帆,则SEP可以只在不能使用太阳帆的情况下(如太阳帆不能提供面向太阳方向的推力)工作,这样可以有效节约燃料,延长航天器寿命或者增大载荷质量。

对于偏离轨道平面的偏置轨道,太阳帆提供的控制力受到季节变化的影响。对于偏移位置在北半球的偏移轨道,冬季太阳帆的控制效果较好;对于偏移位置在南半球的偏移轨道,夏季太阳帆的控制效果较好。为此,偏移轨道可进行季节性转移,即春季从北向南,秋季从南向北进行两次转移,如图3.42所示。

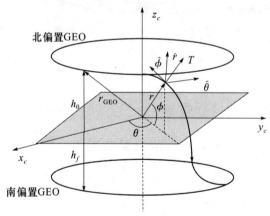

图 3.42　偏置轨道的季节性转移

假设SEP可提供的最大推力为0.2N,m_0为航天器初始质量,Δd为航天器与GEO轨道之间的距离限制,则转移需要的推进剂质量如表3.6所列。

表 3.6　偏置轨道季节性转移需要的推进剂质量(g)

m_0/kg		h_0/km		
		±35	±75	±150
		2912	1020	436
Δd/km	0	2.6	0.96	0.66
	5	243.0	52.6	20.1
	10	——	123.3	42.1
	20	——	——	96.0
	35	——	——	227.4
注:——表示方案不可行				

由表 3.6 可知,这种季节性转移所需要消耗的推进剂很小,甚至可以忽略不计。推进剂的消耗由 Δd 决定。

采用了季节性转移后,采用单个 SEP 推力器,偏移距离为 35km 的平面偏置轨道上携带 255~487kg 有效载荷的航天器的寿命可以延长至 10~15 年,几乎等于目前 GEO 轨道航天器的寿命。而且如果增加 SEP 推力器的数量,则可携带有效载荷的质量也会直线上升。

这些偏置轨道还可应用于临时性任务,即在实施特定任务时,采用偏置轨道,当完成任务后又回到 GEO 轨道自由飞行。

3.5　小　结

本章重点研究了悬停轨道的设计与控制方法。首先,采用物理力学分析方法与仿二体问题分析方法研究了定点悬停轨道的模型,并给出了开环与闭环两种控制方式;其次,研究了区域悬停轨道的设计与控制方法,建立了 4 种受限区域的空间构型,并在此基础上分析了在目标轨道平面内与平面外的设计约束;最后,论述了偏置地球静止轨道的概念与设计方法,研究了 GEO 平面内与平面外两种偏置轨道构型的保持方式,并分析了两种偏置轨道消耗的能量。

第4章 螺旋巡游轨道理论与设计方法

螺旋巡游轨道是一种以目标轨道为参考的轨道设计方法,利用该方法设计的航天器可以螺旋方式巡游在目标轨道附近,仅用单个航天器即可实现对目标轨道上所有航天器以及空间环境的近距离、高精度探测。

4.1 螺旋巡游轨道的概念

空间目标监视和空间环境监测是各类空间活动的基础,但是,由于地基探测网的探测距离和部署位置等原因使其很难获得所有在轨航天器尤其是高轨航天器及其附近空间环境的高精度探测结果。

螺旋巡游轨道是一种以特定目标轨道或特定目标轨道上的某一弧段为参照物的相对运行轨道。运行在螺旋巡游轨道上的航天器可对目标轨道上的多个目标航天器进行螺旋式的巡游探测甚至是螺旋往返探测,从而获取这些目标航天器的多视角详细信息,以便对目标航天器进行细节识别。

螺旋巡游轨道是通过对巡游航天器轨道的偏心率、轨道倾角等轨道参数的设计,使得巡游航天器相对于目标轨道的运动为近似螺旋进动的方式,从而形成螺旋绕飞的相对轨道构型。螺旋巡游轨道的典型构型如图4.1所示。

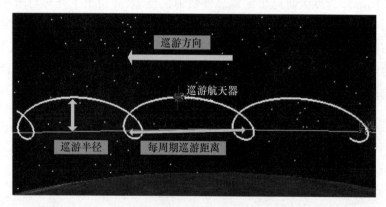

图 4.1 螺旋巡游轨道构型示意图

螺旋巡游轨道的数学表述如表4.1所列,其中,前3项是对巡游的目标轨道、目标轨道弧段以及目标轨道弧段上重点目标的描述,也是未来螺旋巡游轨道设计的基础;后5项是螺旋巡游轨道设计参数的描述。

表4.1　螺旋巡游轨道描述参数

序号	参数名称	具体描述
1	目标轨道	目标轨道的轨道根数
2	巡游弧段	巡游目标轨道的弧度范围
3	重点目标序列	目标轨道上重点探测的目标序列
4	巡游方向	正向:巡游方向与目标航天器运行方向同向 逆向:巡游方向与目标航天器运行方向反向 往返:巡游航天器在目标轨道的特定弧段上往返巡游
5	巡游速度	单位时间内巡游的弧度
6	巡游半径	巡游轨道在目标轨道平面内的投影与目标轨道的最大距离
7	巡游倾角	巡游轨道相对于目标轨道平面的倾角
8	初始相位	巡游航天器在目标轨道平面内所处的初始位置

巡游速度主要决定了螺旋巡游轨道相对目标轨道的巡游速度,与巡游航天器与目标轨道长半轴的偏差直接相关;巡游半径主要决定了巡游航天器上携带有效载荷可以获得的目标信息的详细程度;巡游倾角主要决定了巡游航天器将从哪个侧面对目标航天器进行探测,从而保证可以监测到任务要求的信息(如关键部件的位置或特定方向的无线电信号等);初始相位直接决定了观测时刻巡游航天器、目标航天器以及太阳三者之间的角度,从而决定了是否满足可见光载荷的探测条件。

按照巡游高度、巡游半径、巡游方向和巡游路径不同,螺旋巡游轨道有多种分类方式(图4.2):

(1) 按照基准轨道(或目标轨道)的轨道高度,可分为高轨巡游和低轨巡游轨道。

(2) 按照巡游半径大小(以卫星警戒距离为分隔线),可分为远距离巡游和近距离巡游轨道。

(3) 按照巡游方向与目标轨道方向是否一致,可分为顺轨巡游和逆轨巡游轨道。

(4) 按照巡游路径不同,可分为遍历巡游、往返巡游和可控巡游轨道等。

为了描述螺旋巡游轨道构型,首先定义以下两个概念:

(1) 瞄准点:是螺旋巡游轨道自身轨迹相交处的交点。由螺旋巡游轨道构型

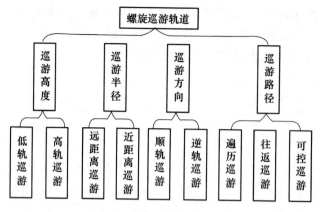

图 4.2　螺旋巡游轨道分类

可知,一个周期内平台的运行轨迹会与之前的巡游路径至少有一个交点,该交点即被定义为瞄准点。

（2）螺旋环:指螺旋巡游中平台两次经过同一个瞄准点之间的路径,是封闭的环状相对运动轨迹。

瞄准点与螺旋环示意图如图 4.3 所示。

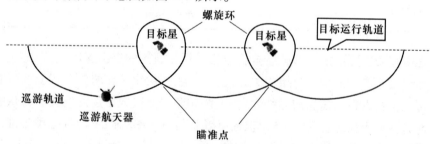

图 4.3　螺旋环与瞄准点示意图

4.2　相对运动模型精度分析

相对运动动力学方法是由航天器绝对运动矢量描述的基本运动方程演化而来,研究的重点是求解在目标轨道坐标系中表示的非线性相对运动微分方程组,国内外学者对相对运动动力学的研究已经很成熟。本节从精确相对运动动力学方程出发,通过合理假设得到巡游航天器的相对运动动力学模型。

4.2.1　精确相对运动动力学方程

巡游航天器相对目标航天器的运动规律可以用相对运动动力学方程来描述。

76

假设目标航天器和巡游航天器在地心惯性系中的位置矢量分别用 r_1 和 r_2 来表示，则巡游航天器相对于目标航天器的相对位置矢量在地心惯性系中表示为

$$r = r_1 - r_2 \qquad (4.1)$$

已知目标航天器和巡游航天器在地心惯性系下的动力学方程为

$$\begin{cases} \ddot{r}_1 = -\dfrac{\mu r_1}{r_1^3} + a_{p,1} + a_{c,1} \\[3mm] \ddot{r}_2 = -\dfrac{\mu r_2}{r_2^3} + a_{p,2} + a_{c,2} \end{cases} \qquad (4.2)$$

式中：r_1、r_2 分别为目标航天器和巡游航天器的瞬时地心距；$a_{p,1}$、$a_{p,2}$ 分别表示目标航天器和巡游航天器的除地心引力之外的所有摄动力总和；$a_{c,1}$、$a_{c,2}$ 分别表示目标航天器和巡游航天器的控制加速度的总和。

可见，巡游航天器相对目标航天器在地心惯性系中的相对运动动力学方程为

$$\ddot{r} = r_{\ddot{2}} - r_{\ddot{1}} = -\mu \left(\frac{r_2}{r_2^3} - \frac{r_1}{r_1^3} \right) + \Delta a_p + \Delta a_c \qquad (4.3)$$

式中：$\Delta a_p = a_{p,2} - a_{p,1}$、$\Delta a_c = a_{c,2} - a_{c,1}$，分别表示巡游航天器与目标航天器所受到的所有摄动力以及控制力之差。

将地心惯性坐标系中的相对运动动力学方程转化到目标轨道坐标系中，则有

$$\ddot{r} + 2w \times \dot{r} + w \times (w \times r) + \dot{w} \times r = -\mu \left(\frac{r_2}{r_2^3} - \frac{r_1}{r_1^3} \right) + \Delta a_p + \Delta a_c \quad (4.4)$$

式中：$w = \begin{bmatrix} 0 & 0 & \dot{v} \end{bmatrix}^T$ 为目标轨道坐标系相对于地心惯性系的转动角速度矢量在目标轨道坐标系中的表示形式。

若目标航天器的位置矢量为 $r_1 = \begin{bmatrix} r_1 & 0 & 0 \end{bmatrix}^T$，相对位置矢量 r 为 $r = \begin{bmatrix} x & y & z \end{bmatrix}^T$，则巡游航天器的位置矢量可以表示为

$$r_2 = \begin{bmatrix} r_1 + x & y & z \end{bmatrix}^T \qquad (4.5)$$

目标航天器的切向速度 V_f 可以表示为

$$V_f = r_1 \dot{v} = \sqrt{\frac{\mu}{p}} (1 + e\cos v) \qquad (4.6)$$

故有

$$\mu = \frac{r_1^3 \dot{v}^2}{1 + e\cos v} \qquad (4.7)$$

将式(4.5)~式(4.7)代入式(4.4)并且整理可得

$$\begin{cases} \ddot{x} - 2\dot{v}\dot{y} - \ddot{v}y - \dot{v}^2\left[x + \dfrac{r_1}{1 + ecosv} - \dfrac{r_1^3(r_1 + x)}{(1 + ecosv)\left[(r_1 + x)^2 + y^2 + z^2 \right]^{\frac{3}{2}}} \right] - a_{cx} - a_{px} = 0 \\[3mm] \ddot{y} + 2\dot{v}\dot{x} + \ddot{v}x - \dot{v}^2 y\left[1 - \dfrac{r_1^3}{(1 + ecosv)\left[(r_1 + x)^2 + y^2 + z^2 \right]^{\frac{3}{2}}} \right] - a_{cy} - a_{py} = 0 \\[3mm] \ddot{z} + \dot{v}^2 z\left[\dfrac{r_1^3}{(1 + ecosv)\left[(r_1 + x)^2 + y^2 + z^2 \right]^{\frac{3}{2}}} \right] - a_{cz} - a_{pz} = 0 \end{cases}$$

$$(4.8)$$

式中：$[a_{cx}, a_{cy}, a_{cz}]$、$[a_{px}, a_{py}, a_{pz}]$ 分别表示巡游航天器与目标航天器在目标轨道坐标系中三轴的控制力与摄动力之差。

式(4.8)即为椭圆参考轨道下的精确相对运动动力学方程。

若目标轨道为圆轨道，则有

$$\begin{cases} e = 0 \\ \dot{v} = n \\ \ddot{v} = 0 \end{cases}$$

$$(4.9)$$

将式(4.9)代入式(4.8)，可得圆参考轨道下的精确相对运动动力学方程为

$$\begin{cases} \ddot{x} - 2n\dot{y} - n^2(x + r_1)\left[1 - \dfrac{r_1^3}{\left[(r_1 + x)^2 + y^2 + z^2 \right]^{\frac{3}{2}}} \right] - a_{cx} - a_{px} = 0 \\[3mm] \ddot{y} + 2n\dot{x} - n^2 y\left[1 - \dfrac{r_1^3}{\left[(r_1 + x)^2 + y^2 + z^2 \right]^{\frac{3}{2}}} \right] - a_{cy} - a_{py} = 0 \\[3mm] \ddot{z} + n^2 z\left[\dfrac{r_1^3}{\left[(r_1 + x)^2 + y^2 + z^2 \right]^{\frac{3}{2}}} \right] - a_{cz} - a_{pz} = 0 \end{cases}$$

$$(4.10)$$

4.2.2 相对运动动力学方程的简化

采用动力学法描述航天器之间的相对运动时，往往不需要精确的相对运动动力学方程，可以根据实际需要，对动力学方程进行适当的简化，以便更好地解决问题。

针对式(4.8)中的非线性项 $\left[(r_1 + x)^2 + y^2 + z^2 \right]^{\frac{3}{2}}$ 进行二阶泰勒展开，并整理可得

$$\left[(r_1 + x)^2 + y^2 + z^2 \right]^{\frac{3}{2}} = r_1^3\left[1 + \dfrac{3}{2}\left(\dfrac{2x}{r_1} + \dfrac{x^2}{r_1^2} + \dfrac{y^2}{r_1^2} + \dfrac{z^2}{r_1^2} \right) + O(x, y, z) \right]$$

$$(4.11)$$

忽略其二阶以上的小量,则非线性项简化为

$$\left[(r_1+x)^2+y^2+z^2\right]^{\frac{3}{2}} \approx r_1^3\left[1+\frac{3}{2}\left(\frac{2x}{r_1}+\frac{x^2}{r_1^2}+\frac{y^2}{r_1^2}+\frac{z^2}{r_1^2}\right)\right] \qquad (4.12)$$

将式(4.12)代入式(4.8)中,可得

$$\begin{cases} \ddot{x}-2\dot{v}\dot{y}-\ddot{v}y-\dot{v}^2\left[x+\dfrac{r_1}{1+e\cos v}-\dfrac{r_1^3(r_1+x)}{(1+e\cos v)r_1^3 N}\right]-a_{cx}-a_{px}=0 \\[3mm] \ddot{y}+2\dot{v}\dot{x}+\ddot{v}x-\dot{v}^2y\left[1-\dfrac{r_1^3}{(1+e\cos v)r_1^3 N}\right]-a_{cy}-a_{py}=0 \\[3mm] \ddot{z}+\dot{v}^2z\left[\dfrac{r_1^3}{(1+e\cos v)r_1^3 N}\right]-a_{cz}-a_{pz}=0 \end{cases}$$

$$(4.13)$$

其中:

$$N=1+\frac{3}{2}\left(\frac{2x}{r_1}+\frac{x^2}{r_1^2}+\frac{y^2}{r_1^2}+\frac{z^2}{r_1^2}\right)$$

$$\dot{v}=\frac{n(1+e\cos v)^2}{(1-e^2)^{3/2}}$$

$$\ddot{v}=\frac{-2n^2e(1+e\cos v)^3\sin v}{(1-e^2)^3}$$

式(4.13)即为椭圆参考轨道下的二阶近似相对运动动力学方程。

同理,将式(4.9)代入式(4.13),可得

$$\begin{cases} \ddot{x}-2n\dot{y}-3n^2x+3n^4x^2-\dfrac{3}{2}n^4(x^2+y^2)-a_{cx}-a_{px}=0 \\[3mm] \ddot{y}+2n\dot{x}-a_{cy}-a_{py}=0 \\[3mm] \ddot{z}+n^2z-3n^4xz-a_{cz}-a_{pz}=0 \end{cases} \qquad (4.14)$$

式(4.14)即为圆参考轨道下的二阶近似相对运动动力学方程。

如果取一次近似相对运动动力学方程,在式(4.11)中忽略二阶及二阶以上小量,则非线性项简化为

$$\left[(r_1+x)^2+y^2+z^2\right]^{\frac{3}{2}} \approx r_1^3\left(\frac{r_1+3x}{r_1}\right) \qquad (4.15)$$

将式(4.15)代入式(4.9)中,并整理可得

$$\begin{cases} \ddot{x} - 2\dot{\nu}\dot{y} - \ddot{\nu}y - \dot{\nu}^2\left[x + \dfrac{2xr_1}{(1+e\cos\nu)(r_1+3x)}\right] - a_{cx} - a_{px} = 0 \\[3mm] \ddot{y} + 2\dot{\nu}\dot{x} + \ddot{\nu}x - \dot{\nu}^2y\left[1 - \dfrac{r_1}{(1+e\cos\nu)(r_1+3x)}\right] - a_{cy} - a_{py} = 0 \quad (4.16) \\[3mm] \ddot{z} + \dot{\nu}^2z\left[\dfrac{r_1}{(1+e\cos\nu)(r_1+3x)}\right] - a_{cz} - a_{pz} = 0 \end{cases}$$

如果巡游航天器与目标航天器的距离足够近,即 $r \ll r_1$ 时,有

$$r_1 + 3x \approx r_1 \tag{4.17}$$

将式(4.17)代入式(4.16),并整理可得

$$\begin{cases} \ddot{x} - 2\dot{\nu}\dot{y} - \ddot{\nu}y - \dot{\nu}^2x\dfrac{(3+e\cos\nu)}{(1+e\cos\nu)} - a_{cx} - a_{px} = 0 \\[3mm] \ddot{y} + 2\dot{\nu}\dot{x} + \ddot{\nu}x - \dot{\nu}^2y\dfrac{e\cos\nu}{(1+e\cos\nu)} - a_{cy} - a_{py} = 0 \quad (4.18) \\[3mm] \ddot{z} + \dot{\nu}^2z\dfrac{1}{3+e\cos\nu} - a_{cz} - a_{pz} = 0 \end{cases}$$

式(4.18)即为椭圆参考轨道下的一阶近似相对运动动力学方程。

同理,将式(4.9)代入式(4.18),可得

$$\begin{cases} \ddot{x} - 2n\dot{y} - 3n^2x - a_{cx} - a_{px} = 0 \\[3mm] \ddot{y} + 2n\dot{x} - a_{cy} - a_{py} = 0 \quad (4.19) \\[3mm] \ddot{z} + n^2z - a_{cz} - a_{pz} = 0 \end{cases}$$

式(4.19)即为圆参考轨道下的一阶近似相对运动动力学方程。

4.2.3　相对运动动力学模型精度分析

本节将对一阶相对运动动力学模型和二阶相对运动动力学模型在轨道设计中的适用性进行分析,并通过模型精度分析,确定满足轨道设计需求的巡游航天器相对运动动力学模型。

由于相对运动误差主要体现在目标航天器沿迹向的漂移误差上,因此,巡游航天器相对目标航天器的初始相对运动状态选择如表4.2所列,仿真时间4天。

表4.2　巡游航天器初始相对状态参数

x_0/m	y_0/m	z_0/m	$\dot{x}_0$/(m/s)	$\dot{y}_0$/(m/s)	$\dot{z}_0$/(m/s)
1	2001	1	7.2922e-6	0.0401	1

巡游航天器在4天之内相对于目标航天器的运动轨迹如图4.4所示。可见,

采用不同相对运动动力学模型的运动轨迹都吻合得较好。

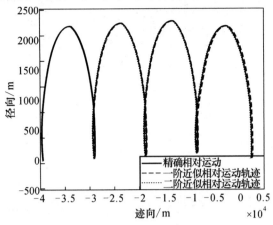

图 4.4　相对运动轨迹

在图 4.5(a)～(d)中,对相对运动一阶、二阶动力学模型与精确动力学模型进行了比较。可见,其在径向、法向的相对轨迹误差都很小(40m 以内),且主要误差集中在目标轨道沿迹向漂移(约 200m)。但是,对于巡游轨道来说,一般需要利用沿迹向漂移来达到巡游的目的。因此,采用一阶相对运动动力学模型即可满足巡游航天器的巡游任务要求。

4.2.4　巡游航天器相对运动动力学模型分析

一阶线性化动力学模型精度能够满足巡游航天器的轨道设计要求,并且具有直观的解析解,在相对轨道构型设计中具有极大的优势。

$$\begin{cases} \ddot{x} - 2n\dot{y} - 3n^2x - a_{cx} = 0 \\ \ddot{y} + 2n\dot{x} - a_{cy} = 0 \\ \ddot{z} + n^2z - a_{cz} = 0 \end{cases} \tag{4.20}$$

在无控的情况下,上述方程即变为经典的 C - W 方程,也称为 Hill 方程。

$$\begin{cases} \ddot{x} - 2n\dot{y} - 3n^2x = 0 \\ \ddot{y} + 2n\dot{x} = 0 \\ \ddot{z} + n^2z = 0 \end{cases} \tag{4.21}$$

进行拉普拉斯变换,可得

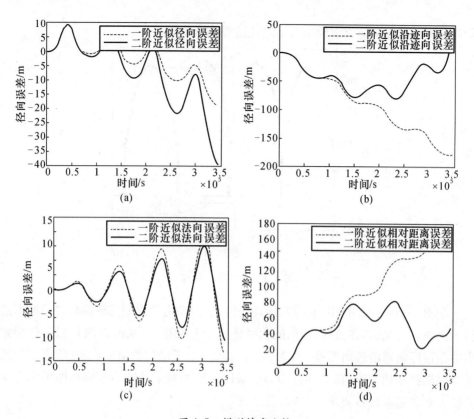

图 4.5　模型精度比较

(a)径向误差;(b)沿迹向误差;

(c)法向误差;(d)实际距离误差。

$$\begin{cases} \left[s^2X(s) - sx_0 - \dot{x}_0\right] - 2n\left[sY(s) - y_0\right] - 3n^2X(s) = 0 \\ \left[s^2Y(s) - sy_0 - \dot{y}_0\right] + 2n\left[sX(s) - x_0\right] = 0 \\ \left[s^2Z(s) - sz_0 - \dot{z}_0\right] + n^2Z(s) = 0 \end{cases} \tag{4.22}$$

式中:$(x_0 \text{、} y_0 \text{、} z_0 \text{、} \dot{x}_0 \text{、} \dot{y}_0 \text{、} \dot{z}_0)$ 为巡游航天器在目标航天器轨道坐标系中的初始相对运动状态。

将上式变成矩阵形式,并整理得到

$$\begin{bmatrix} s^2 - 3n^2 & -2ns & 0 \\ 2ns & s^2 & 0 \\ 0 & 0 & s^2 + n^2 \end{bmatrix} \begin{bmatrix} X(s) \\ Y(s) \\ Z(s) \end{bmatrix} = \begin{bmatrix} sx_0 + \dot{x}_0 - 2ny_0 \\ sy_0 + \dot{y}_0 - 2nx_0 \\ sz_0 + \dot{z}_0 \end{bmatrix} \tag{4.23}$$

从而有

$$
\begin{bmatrix} X(s) \\ Y(s) \\ Z(s) \end{bmatrix} = \begin{bmatrix} \dfrac{\left(x_0 - \dfrac{2\dot{y}_0 + 4nx_0}{n}\right)s}{s^2 + n^2} + \dfrac{\left(\dfrac{\dot{x}_0}{n}\right)n}{s^2 + n^2} + \dfrac{2\dot{y}_0 + 4nx_0}{n}\dfrac{1}{s} \\[4mm] \dfrac{2\left(\dfrac{\dot{x}_0}{n}\right)s}{s^2 + n^2} + \dfrac{2\left(\dfrac{2\dot{y}_0 + 4nx_0}{n} - x_0\right)n}{s^2 + n^2} - \dfrac{3n}{2}\dfrac{2\dot{y}_0 + 4nx_0}{n}\dfrac{1}{s^2} + \dfrac{ny_0 - 2\dot{x}_0}{n}\dfrac{1}{s} \\[4mm] \dfrac{z_0 s}{s^2 + n^2} + \dfrac{\left(\dfrac{\dot{z}_0}{n}\right)n}{s^2 + n^2} \end{bmatrix}
$$

(4.24)

进行拉普拉斯反变换,可得

$$
\begin{bmatrix} x(t) \\ y(t) \\ z(t) \end{bmatrix} = \begin{bmatrix} \left[x_0 - \dfrac{2\dot{y}_0 + 4nx_0}{n}\right]\cos nt + \dfrac{\dot{x}_0}{n}\sin nt + \dfrac{2\dot{y}_0 + 4nx_0}{n} \\[4mm] \dfrac{2\dot{x}_0}{n}\cos nt + 2\left[\dfrac{2\dot{y}_0 + 4nx_0}{n} - x_0\right]\sin nt - \dfrac{3n}{2}\dfrac{2\dot{y}_0 + 4nx_0}{n}t + \dfrac{ny_0 - 2\dot{x}_0}{n} \\[4mm] z_0\cos nt + \dfrac{\dot{z}_0}{n}\sin nt \end{bmatrix}
$$

(4.25)

对式(4.25)求导,得

$$
\begin{cases} \dot{x}(t) = \dot{x}_0\cos nt + (2\dot{y}_0 + 3nx_0)\sin nt \\[2mm] \dot{y}(t) = -2\dot{x}_0\sin nt + (4\dot{y}_0 + 6nx_0)\cos nt - (3\dot{y}_0 + 6nx_0) \\[2mm] \dot{z}(t) = -nz_0\sin nt + \dot{z}_0\cos nt \end{cases}
$$
(4.26)

式(4.25)、式(4.26)表明,巡游航天器在 t 时刻的相对位置和相对速度是巡游航天器初始相对运动状态的函数,将上面两式整理成矩阵形式,可以得到巡游航天器相对运动方程解的矩阵形式,即

$$
\begin{bmatrix} \boldsymbol{\rho} \\ \dot{\boldsymbol{\rho}} \end{bmatrix} = \begin{bmatrix} \Phi_{11} & \Phi_{12} \\ \Phi_{21} & \Phi_{22} \end{bmatrix} \begin{bmatrix} \boldsymbol{\rho}_0 \\ \dot{\boldsymbol{\rho}}_0 \end{bmatrix}
$$
(4.27)

其中:

$$
[\boldsymbol{\rho}, \dot{\boldsymbol{\rho}}] = [x, y, z, \dot{x}, \dot{y}, \dot{z}]
$$
$$
[\boldsymbol{\rho}_0, \dot{\boldsymbol{\rho}}_0] = [x_0, y_0, z_0, \dot{x}_0, \dot{y}_0, \dot{z}_0]
$$

$$\Phi_{11} = \begin{bmatrix} 4-3\cos nt & 0 & 0 \\ 6(\sin nt - nt) & 1 & 0 \\ 0 & 0 & \cos nt \end{bmatrix}, \qquad \Phi_{12} = \begin{bmatrix} \dfrac{\sin nt}{n} & \dfrac{2(1-\cos nt)}{n} & 0 \\ \dfrac{2(\cos nt -1)}{n} & \dfrac{4\sin nt}{n}-3\,t & 0 \\ 0 & 0 & \dfrac{\sin nt}{n} \end{bmatrix}$$

$$\Phi_{21} = \begin{bmatrix} 3n\sin nt & 0 & 0 \\ 6(\cos nt -1) & 0 & 0 \\ 0 & 0 & -n\sin nt \end{bmatrix}, \qquad \Phi_{22} = \begin{bmatrix} \cos nt & 2\sin nt & 0 \\ -2\sin nt & 4\cos nt -3 & 0 \\ 0 & 0 & \cos nt \end{bmatrix}$$

由巡游航天器相对运动动力学模型的解可知,巡游航天器的相对运动具有以下基本特性:

(1)巡游航天器相对目标航天器的运动可以分解为目标航天器轨道平面内和垂直于轨道平面的两个相互独立的运动,且在轨道平面内两轴的状态是互相耦合的。

(2)垂直于轨道平面的相对运动为周期性振荡运动,振荡的幅度为

$$Z_{\max} = \sqrt{z_0^2 + \left(\frac{\dot{z}_0}{n}\right)^2} \tag{4.28}$$

(3)轨道平面内的 x 和 $\dot{x}$ 总是比 y 和 $\dot{y}$ 的相位落后 $90°$(即 $1/4$ 个轨道周期),且 Y 轴振幅比 X 轴振幅大 1 倍;此外,Y 轴方向上还存在随时间线性增长的项。

令

$$\begin{cases} x_{c0} = \dfrac{2\dot{y}_0 + 4nx_0}{n} \\[2mm] y_{c0} = \dfrac{ny_0 - 2\dot{x}_0}{n} \\[2mm] x = x(t) \\ y = y(t) \end{cases} \tag{4.29}$$

将式(4.29)代入式(4.25)前两式,并整理可以得到

$$\begin{cases} x - x_{c0} = (x_0 - x_{c0})\cos nt + \dfrac{\dot{x}_0}{n}\sin nt \\[3mm] \dfrac{y + \dfrac{3nx_{c0}}{2}t - y_{c0}}{2} = \dfrac{\dot{x}_0}{n}\cos nt + (x_{c0} - x_0)\sin nt \end{cases} \tag{4.30}$$

经数学变换后,有

84

$$[x - x_{c0}]^2 + \frac{\left[y + \dfrac{3nx_{c0}}{2}t - y_{c0}\right]^2}{4} = (x_0 - x_{c0})^2 + \left(\frac{\dot{x}_0}{n}\right)^2 \qquad (4.31)$$

当给定巡游航天器的初始相对运动状态时,式(4.31)的右边是一定值,令

$$b = \sqrt{(x_0 - x_{c0})^2 + \left(\frac{\dot{x}_0}{n}\right)^2} \qquad (4.32)$$

则式(4.31)变为

$$\frac{[x - x_{c0}]^2}{b^2} + \frac{\left[y + \dfrac{3nx_{c0}}{2}t - y_{c0}\right]^2}{4b^2} = 1 \qquad (4.33)$$

由式(4.33)可知,当 $x_{c0} = 0$ 时,巡游航天器相对于目标航天器做封闭的椭圆绕飞,椭圆中心坐标为 (x_{c0}, y_{c0}),椭圆的长半轴为 $2b$,且长半轴与短半轴的比例为2∶1,偏心率的大小 $e = \sqrt{3}/2 \approx 0.866$,如图4.6(a)所示;当 $x_{c0} \neq 0$ 时,目标航天器轨道平面内的巡游航天器相对运动轨迹则是一个不封闭的螺旋运动轨迹,且 x_{c0} 的大小决定巡游航天器轨迹中心漂移速度的快慢,而其符号的正负则决定巡游航天器在目标沿迹向上的漂移方向,如图4.6(b)所示。

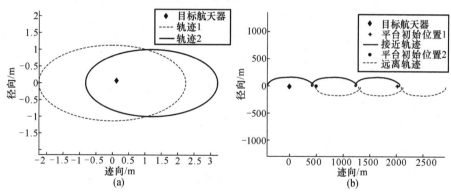

图4.6 相对运动轨迹特性
(a)闭合线飞轨迹;(b)漂移运动轨迹

4.3 遍历巡游轨道设计

利用遍历巡游轨道能够使得单个航天器完成对同一轨道或者不同轨道上多个航天器的遍历巡游探测,是一种典型的相对运动。但是,与传统的卫星编队等相对运动相比,遍历巡游轨道的设计是以一条空间轨道为参照的,而不是以一个航天器为参照。这就需要寻求一种新的或者改进的轨道设计方法。

4.3.1 基于 Hill 方程的设计方法

根据 Hill 方程,巡游航天器在目标轨道平面内的相对运动轨迹可以表示为如下形式:

$$\frac{(x - x_{c0})^2}{b^2} + \frac{(y - y_{c0} + 1.5x_{c0}nt)^2}{(2b)^2} = 1 \qquad (4.34)$$

当 $x_{c0} \neq 0$ 时,平面内的相对运动轨迹是中心沿目标轨道航迹方向漂移的椭圆,中心漂移的速度与 x_{c0} 成正比,且每周期漂移的距离为

$$L = |3\pi x_{c0}| \qquad (4.35)$$

巡游速度可以表示为

$$V = 1.5x_{c0}n \qquad (4.36)$$

巡游方向主要由 x_{c0} 的符号确定,即

$$\begin{cases} x_{c0} < 0, \ 正向巡游 \\ x_{c0} > 0, \ 反向巡游 \end{cases} \qquad (4.37)$$

巡游半径 R 可由 b 和 x_{c0} 确定,即

$$R = b + |x_{c0}| = \sqrt{\left(\frac{2\dot{y}_0}{n} + 3x_0\right)^2 + \left(\frac{\dot{x}_0}{n}\right)^2} + \left|\left(4x_0 + 2\frac{\dot{y}_0}{n}\right)\right| \qquad (4.38)$$

螺旋巡游轨道完成对目标轨道的遍历巡游需要的时间与巡游速度直接相关,且巡游速度越大,遍历周期越短。可以用以下公式近似估计巡游的遍历周期:

$$T \approx \frac{2\pi a_T}{V} \qquad (4.39)$$

式中:a_T 表示目标轨道半长轴。

巡游速度 V 与遍历寻访周期 T 的关系如图 4.7 所示。

可见,当巡游速度一定时,目标轨道半长轴越大,遍历周期越大;而当目标轨道长半轴一定时,巡游速度越大,遍历周期越小。对于同一条目标轨道,巡游周期 T 与巡游速度 V 近似成反比关系。

由于遍历巡游轨道的轨迹中心随时间的变化不断漂移,所以,通常在轨道设计时以某一颗目标航天器作为基准点。假设初始时刻巡游航天器的相对运动状态满足如下条件:

$$y_{c0} = y_0 - \frac{2}{n}\dot{x}_0 = 0 \qquad (4.40)$$

巡游航天器径向初始位置坐标可以表示为

$$x_0 = R'\cos\theta \qquad (4.41)$$

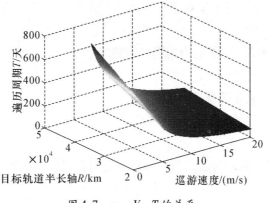

图 4.7 $a_T - V - T$ 的关系

式中:R' 为遍历巡游轨道的巡游半径 R 在目标轨道平面内的投影;θ 为以 x 轴为基准的相位角,逆时针方向为正。

另外,巡游航天器在目标轨道坐标系法向上的初始相对运动状态满足

$$\begin{cases} z_0 = x_0 \tan\varphi \\ \dot{z}_0 = \dot{x}_0 \tan\varphi \end{cases} \tag{4.42}$$

式中:φ 为巡游航天器在目标轨道坐标系中 $X - Z$ 平面内投影与 X 轴的夹角。

若已知基准轨道根数,则当给定巡游航天器的巡游速度 V、巡游半径 R 以及巡游航天器在目标轨道平面内的相位角 θ 和法向夹角 φ 时,联立式(4.36)~式(4.42),即可求得巡游航天器在目标轨道坐标系中的初始相对运动状态;然后,根据坐标转换关系就可以得到巡游航天器在地心惯性坐标系中的位置速度矢量。

4.3.2 基于 E/I 矢量法的设计方法

对于目标轨道是近圆轨道的情况,巡游航天器在目标相对运动坐标系下的运动可用下述构型几何参数描述:

$$\begin{cases} x = \Delta a - p\cos(u - \varphi) \\ y = l - 1.5\Delta ant + 2p\sin(u - \varphi) \\ z = s\sin(u - \theta) \\ \dot{x} = np\sin(u - \varphi) \\ \dot{y} = -1.5\Delta an + 2np\cos(u - \varphi) \\ \dot{z} = ns\cos(u - \theta) \end{cases} \tag{4.43}$$

式中:x、y、z、$\dot{x}$、$\dot{y}$、$\dot{z}$ 为巡游航天器相对运动坐标系下的位置和速度分量;n 为目标轨道的平均运动角速度;Δa、l、p、φ、s、θ 为构型几何参数。

采用几何参数可以直观地对相对运动进行描述,具体的含义为:

Δa 是相对半长轴;

p 是平面内构型尺寸(平面内构型椭圆短半轴);

φ 是平面内构型相位;

l 是构型中心沿航迹漂移距离;

s 是平面外构型尺寸(构型侧向振幅);

θ 是平面外构型相位。

构型几何参数可由巡游航天器与目标卫星的相对轨道根数计算得到。

$$\begin{cases} \Delta a = a_2 - a \\ p = a_1 |\Delta \bar{e}| \\ \varphi = arctan(\Delta e_y, \Delta e_x) \\ l = a_1((u_2 - u_1) + (\Omega_2 - \Omega_1)\cos i_1) = a_1(\Delta u + \Delta\Omega\cos i_1) \\ s = a_1 |\Delta \bar{i}| \\ \theta = arctan(\Delta i_y, \Delta i_x) \end{cases} \tag{4.44}$$

式中:a_1、a_2、u_1、u_2、Ω_1、Ω_2 为巡游航天器与目标卫星的轨道长半轴、纬度幅角、升交点赤经;其他矢量如下所示。

$$\Delta\bar{e} = \bar{e}_2 - \bar{e}_1 = \begin{bmatrix} \Delta e_x \\ \Delta e_y \end{bmatrix}, \bar{e}_2 = \begin{bmatrix} e_2\cos(\omega_2) \\ e_2\sin(\omega_2) \end{bmatrix}, \bar{e}_1 = \begin{bmatrix} e_1\cos(\omega_1) \\ e_1\sin(\omega_1) \end{bmatrix} \tag{4.45}$$

$$\Delta\bar{i} = \bar{i}_2 - \bar{i}_1 = \begin{bmatrix} \Delta i_x \\ \Delta i_y \end{bmatrix}, \bar{i}_2 = \begin{bmatrix} i_2 \\ \Omega_2\sin(i_2) \end{bmatrix}, \bar{i}_1 = \begin{bmatrix} i_1 \\ \Omega_1\sin(i_1) \end{bmatrix} \tag{4.46}$$

(1) 当 $i_1 = 0$ 时,取 $\Omega_1 = \Omega_2$,则

$$\bar{i}_1 = \begin{bmatrix} 0 \\ 0 \end{bmatrix}, \bar{i}_2 = \begin{bmatrix} \Delta i_x \\ \Delta i_y \end{bmatrix}, \Delta\bar{i} = \bar{i}_2 - \bar{i}_1 = \bar{i}_2 = \begin{bmatrix} i_2 \\ 0 \end{bmatrix} = \frac{s}{a}\begin{bmatrix} \cos(\theta) \\ \sin(\theta) \end{bmatrix} \tag{4.47}$$

$s = a|i_2|, \theta = 0°$或 $\theta = 180°$。

(2) 当 $i_1 = 0$ 且 $i_2 = 0$ 时,Ω_2 任意(这里取 $\Omega_2 = \Omega_1$),此时有

$$l = a_1((u_2 - u_1) + (\Omega_2 - \Omega_1)\cos i_1) = a_1\Delta u \tag{4.48}$$

4.3.3 设计约束

在空间目标监视过程中,监视相机与目标的相对距离、相对速度以及成像角度对监视的效果影响很大,由于遍历巡游难以保证对每一个目标都存在合适的监视角度,所以,在设计螺旋遍历巡游轨道时,只能重点考虑巡游半径与巡游速度两方面的设计约束。

1. 巡游半径约束

对于巡游半径的约束主要考虑巡游航天器上监视载荷的作用距离;二是巡游航天器的响应能力要求。

巡游航天器巡游半径的选择范围与其上 CCD 可见光相机的性能有关,其有效监视距离不能超过载荷本身的最大作用距离。可见光相机的工作半径可以表示为

$$R_1 = \frac{R_d D}{2.44 \lambda Q} \tag{4.49}$$

式中:D 为可见光相机的光学孔径大小;λ 为相机的工作波长(可见光波段波长范围 $0.4 \sim 0.7 \mu m$);Q 为成像质量因子;R_d 为实现空间目标监视需要的最小空间分辨率。

若巡游航天器携带的 CCD 相机的光学孔径大小 $D = 0.3 m$,工作波长 $\lambda = 0.5 \mu m$,成像质量因子 $Q = 1.1$,$R_d = 0.5 m$,则相机最大工作距离约为 $111.8 km$。

如果要求巡游航天器在有限的时间内完成从遍历巡游模式到其他模式的转换,这就对巡游航天器的响应能力提出了要求。例如,当巡游航天器巡游至某一特定目标附近时,为了获取该目标详细的特征信息,需要从巡游模式快速切换为小椭圆绕飞、快速圆绕飞等模式,从而在更近的距离上对目标进行全方位监视。当任务完成后,巡游航天器还需要重新回到巡游轨道上继续收集其他目标的信息。

巡游航天器从距离目标航天器为 L 的位置迅速接近到目标航天器附近,需要在起始时刻和到达时刻分别施加一次冲量,需要消耗的总的速度增量可以近似表示为(图 4.8)。

$$\Delta V = 2 \frac{L}{\Delta t} \tag{4.50}$$

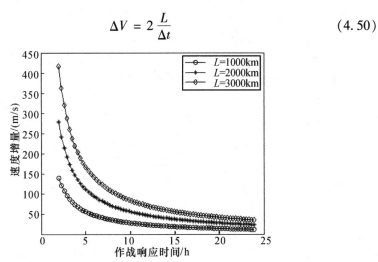

图 4.8 不同距离下响应时间与所需的速度增量的关系

综合考虑巡游航天器每次切换巡游模式时可用的燃料限制和响应能力的要

求,认为巡游半径 R_2 应满足如下条件:

$$R \leqslant 0.01H \tag{4.51}$$

式中:H 为目标轨道的轨道高度。

由上式可知,若基准轨道为地球静止轨道,则巡游半径应在 360km 以内;若基准轨道的轨道高度为 20000km,则巡游半径要求不大于 200km。

综上所述,若巡游航天器监视载荷的有效工作距离为 R_1,响应能力对巡游半径的约束为 R_2,则巡游轨道的巡游半径 R 的取值为

$$R = \min(R_1, R_2) \tag{4.52}$$

2. 巡游速度约束

设计巡游速度时需要对两个方面加以考虑:①考虑巡游航天器监视载荷对巡游速度的要求;②当巡游半径确定后,巡游轨道构型对巡游速度的约束。

由于巡游航天器属于小型航天器,其上搭载的监视载荷性能配置有限。假设监视载荷为 CCD 可见光相机,一般来讲,要使其成像清晰,则相机焦面上的线阵 CCD 光敏器件必须达到一定的曝光量要求。已知线阵 CCD 器件的曝光量 E(单位为 W·s)可以表示为

$$E = P_D t_i \tag{4.53}$$

式中:P_D 为相机接收光的辐射通量(W);t_i 为积分时间(s)。

积分时间 t_i 与 CCD 相机的具体性能有关,为了使相机成像无遗漏,应满足下式:

$$t_i \leqslant \frac{r_g}{v_g} \tag{4.54}$$

式中:r_g 为两航天器之间的相对距离;v_g 为两航天器之间的相对速度。

巡游半径与巡游速度都是相对位置速度的函数,且两者之间存在耦合关系。当巡游半径 R 给定时,若要维持螺旋巡游轨道构型,则巡游速度 V 不能无限大。巡游速度与巡游半径之间的关系为

$$R = b + \left| \frac{2}{3n} V \right| \tag{4.55}$$

式中:b 的定义参见公式(4.34)。

可见,当巡游半径 R 一定时,b 越小,$\left| \frac{2}{3n} V \right|$ 的值越大,则巡游速度 V 也就越大。在极限情况下,当 b 为 0 时,巡游速度取得最大值,此时螺旋巡游轨道退化为直线巡游轨道。因此,螺旋遍历巡游轨道的巡游速度必须符合如下约束条件:

$$|V| \leqslant \frac{3}{2} nR \tag{4.56}$$

90

根据上式可以得出巡游速度 V 随巡游半径 R 变化时的可选范围。下面以目标轨道为地球静止轨道为例,分析巡游速度与巡游半径的关系,如图4.9所示。

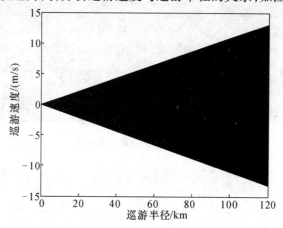

图4.9 巡游速度随巡游半径变化时的可选范围

由图4.9可知,巡游速度越快,对应巡游半径就会越大。这就意味着,若要提高巡游航天器的响应能力,就必须以牺牲部分的监视效果为代价。因此,在设计螺旋巡游轨道时,必须权衡这两方面的指标,才能做到总体效果最优。

4.3.4 仿真分析

假设目标轨道为地球静止轨道,且基准目标航天器轨道六要素为:$a = 42164\text{km}$,$e=0$,$i=0°$,$\Omega=0°$,$w=0°$,$M=0°$。设计时取巡游半径 $R=100\text{km}$,巡游速度 $V=4\text{m/s}$;设巡游航天器在目标轨道平面内初始相位角 $\theta=-90°$,法向初始夹角 $\varphi=0°$,经计算可得巡游航天器在地心惯性坐标系中的位置速度矢量:

$$r = \begin{bmatrix} 42164.1 \\ 103.269 \\ 0 \end{bmatrix}(\text{km}), v = \begin{bmatrix} -0.00375497 \\ 3.07319 \\ 0 \end{bmatrix}(\text{km/s})$$

利用STK软件仿真航天器的螺旋遍历巡游轨道,如图4.10所示。

图4.10中,中间的轨道为地球静止轨道,即目标轨道,与地球静止轨道平行的上下两条轨道分别为高于和低于地球静止轨道100km的轨道,中间螺旋形状的轨道就是遍历巡游轨道。

图4.11是巡游航天器在60天内与目标轨道的相对距离变化情况。由图可知,巡游半径符合设计时要求的100km距离范围。此时,巡游航天器能够长时间保持在目标轨道附近,并可以对目标轨道上的所有航天器进行近距离侦察监视。

以位于地球静止轨道上的某个目标航天器为例,从与目标的相对距离变化、观

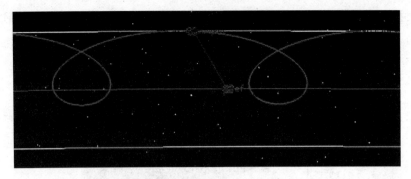

图 4.10　螺旋遍历巡游轨道

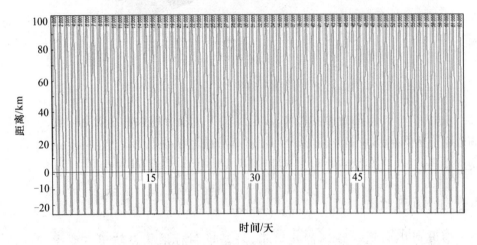

图 4.11　巡游航天器与目标轨道之间的相对距离(60 天)

测时段、观测角度 3 个方面来考察螺旋巡游轨道的能力,其仿真结果如图 4.12 所示。

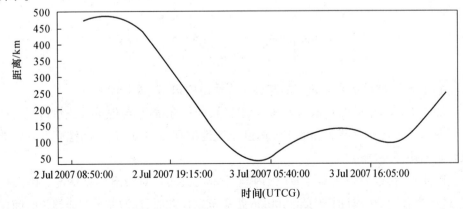

图 4.12　巡游航天器与目标航天器之间的距离

图 4.12 是巡游航天器与目标航天器的相对距离变化曲线。由图可知,巡游航天器与目标航天器之间的相对距离总体上呈现先慢慢接近然后逐渐远离的变化趋势,不会长时间停留在该目标附近,因此,具有较好的隐蔽性。

图 4.13 是巡游航天器对目标航天器的监视时段分布。由图可知,巡游航天器对该目标航天器存在两个监视时段:第一个时段为 $[3 \text{ Jul } 2007 \ 00:20:18.255 \sim 3 \text{ Jul } 2007 \ 09:52:55.208]$,持续约 9.54h;第二个时段为 $[3 \text{ Jul } 2007 \ 15:38:12.678 \sim 3 \text{ Jul } 2007 \ 20:00:09.206]$,持续约 4.36h。巡游航天器对目标总的有效监视时间约为 13.9h,这表明巡游航天器可以对特定目标进行长时间的监视。

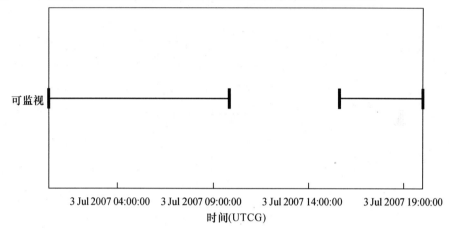

图 4.13　巡游航天器对目标航天器的监视时段

图 4.14 是巡游航天器对目标航天器的观测角变化曲线。由图可知,巡游航天器对该目标的观测角度在 $-90° \sim 5°$ 范围内变化,说明巡游航天器对该目标进行观测的角度范围分布较广,对目标的观测较为全面。

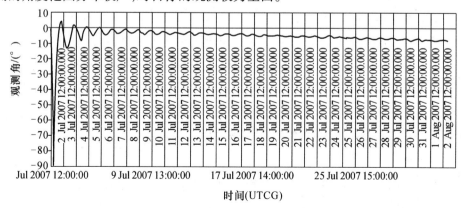

图 4.14　巡游航天器对目标航天器的观测角

巡游航天器完成整个地球静止轨道上航天器的遍历观测需要的时间约为

$$T = 2\pi a_T/V \approx 768(\text{天})$$

螺旋遍历巡游方式可以对目标轨道上的所有航天器进行近距离遍历寻访,并且可以对多个目标取得较好的监视效果。从理论上讲,若不改变巡游方式,同时又忽略摄动等对巡游轨道构型的影响,则巡游遍历过程中巡游航天器不需要消耗燃料,在轨运行寿命很长。但是,由于螺旋遍历巡游方式对高轨目标的遍历周期较长,因此比较适合长期在轨空间目标监视任务。

4.4 往返巡游轨道设计

往返巡游轨道是指对目标轨道特定弧段范围内的目标群进行多频次往返监视的一种螺旋形状的相对轨道。通过在目标群边界处对巡游航天器施加轨道控制改变螺旋巡游方向,总体上呈现出封闭的螺旋往返绕飞构型,如图4.15所示。

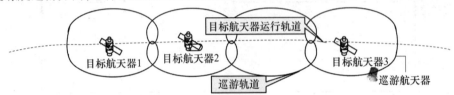

图 4.15 螺旋往返巡游轨道

与螺旋遍历巡游轨道类似,设计螺旋往返巡游轨道时,同样需要考虑巡游范围、探测能力以及在轨工作寿命等的要求。

4.4.1 设计方法

在设计螺旋往返巡游轨道时,首先,对目标集进行准确描述,确定巡游的范围;然后,针对螺旋往返巡游轨道构型本身,对巡游速度和巡游半径进行设计。

对于同一轨道上的目标群而言,可以以某一颗星为基准,利用相对状态参数对目标集进行描述:

$$\{\sigma_j, \Delta L_1, \Delta L_2, \cdots, \Delta L_n\}$$

式中:σ_j 是参考目标 j 的轨道要素;ΔL_n 为目标 n 在目标 j 轨道坐标系中的相对运动状态参数。

若目标轨道为地球静止轨道,且相邻两个目标之间的间隔与地球静止轨道半径相比为小量,可做如下近似:

$$y_{c0i} = y_{c0j} + (L_i - L_j)R \tag{4.57}$$

式中:y_{c0i}、y_{c0j} 分别表示目标 i、j 在基准轨道坐标系中的位置;L_i、L_j 分别表示目标航

天器 i、j 的地理经度;R 为目标轨道半长轴。

螺旋往返巡游轨道的起点 y_s 和终点 y_e 可近似用目标集两端的目标航天器相对位置来确定。假设两端目标航天器之间的距离为 ΔL_{max},则往返距离 ΔL 可近似为

$$\Delta L = 2\left| y_e - y_s \right| = 2\Delta L_{max} \tag{4.58}$$

根据相对运动动力学模型,巡游航天器一个轨道周期内漂移的距离 d 为

$$d = 3\pi x_{c0} \tag{4.59}$$

则螺旋往返巡游一个周期需要的时间可近似为轨道周期数,即

$$T_{go} = \frac{\Delta L}{d} \tag{4.60}$$

根据螺旋往返巡游模式的要求,巡游航天器巡游方向分为正向和反向两种。假设每周期正向和反向巡游距离相同,并且只在目标群边界处进行轨道切换,而在巡游过程中不再做其他控制。根据巡游航天器的相对运动特性可知,其巡游方向与 x_{c0} 的符号有关:当 $x_{c0} < 0$ 为正向巡游,$x_{c0} > 0$ 当为反向巡游。所以,当巡游航天器进行巡游方向的切换时,主要是通过轨道控制来改变 x_{c0} 的大小来实现,如图 4.16 所示。

图 4.16　螺旋往返巡游方向切换

经变换,x_{c0} 可以表示为

$$x_{c0} = \frac{2\dot{y}_0 + 4nx_0}{n} \tag{4.61}$$

假设巡游航天器每次在 $x_0 = 0$ 点处实行切换(由巡游航天器的相对运动特性可知,该点总是存在的),则有

$$\dot{y}_0 = \frac{1}{2}nx_{c0} \tag{4.62}$$

若每次切换只改变巡游航天器的巡游方向,而不改变其每周期巡游距离,则根据巡游航天器的相对运动动力学模型可知,只需要对巡游航天器施加沿迹向的冲量控制,使得 $\dot{y}_0$ 的符号改变而其大小不变,所以有

$$\begin{cases} \Delta V_1 = nx_{c0} \text{,正向巡游切换} \\ \Delta V_2 = -nx_{c0} \text{,反向巡游切换} \end{cases} \quad (4.63)$$

由于一个螺旋往返巡游周期内分别需要进行正反两个方向的切换,因此,每个巡游周期需要的总的速度增量为

$$\Delta V_{total} = 2\Delta V = \frac{2nd}{3\pi} \quad (4.64)$$

可见,每周漂移量 d 越大,完成一个往返巡游周期需要的速度增量也越大。图 4.17 给出了巡游航天器相对运动轨迹每周期漂移量与速度增量的关系。

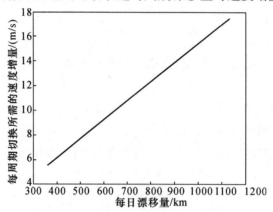

图 4.17 每周期漂移量与速度增量的关系

4.4.2 设计约束

螺旋往返巡游轨道就是在螺旋遍历巡游轨道的基础上,通过不断地在目标群边界处施加控制,改变螺旋巡游方向而构成的封闭的相对运动轨迹。所以,关于螺旋遍历巡游轨道设计的一般约束条件,在设计螺旋往返巡游轨道时同样需要加以考虑。

与螺旋遍历巡游轨道不同的是,在螺旋往返巡游轨道设计中,响应能力对轨道设计的约束包括以下两个方面:①巡游航天器由巡游方式切换时的响应时间的限制,即要考虑巡游半径的设计约束;②巡游航天器在往返巡游中对同一目标相邻两次侦察的时间间隔,或者是在一段时间内巡游航天器对同一目标监视频次的要求,即要考虑巡游航天器巡游区域范围大小的设计约束。

4.4.3 仿真分析

本节以三颗目标航天器(Sat1,Sat2,Sat3)为例,进行螺旋往返巡游轨道的设计。以其中一颗星 Sat1 为原点建立目标轨道坐标系,目标集表示为

$$\{0,1.4 \times 10^3 \text{km}, 2.3 \times 10^3 \text{km}\}$$

则可以近似确定

$$y_s = 0, \quad y_e = 2.3 \times 10^3 \text{km}$$

若巡游航天器的巡游半径最大为120km,则由式(4.60)可知,巡游航天器每日最大漂移量为 $d_{\max} = 753.98\text{km}$。取 $d = 700\text{km}$,则往返周期 T 为

$$T > 2\text{INT}\left(\frac{|y_e|}{d}\right) \Rightarrow T > 2\text{INT}(3.3519)$$

取往返周期 T 为 8 天,可以得出

$$T = 8 \text{ 天}, d = 586.5750\text{km}, x_{c0} = 62.2375\text{km}$$

图 4.18 为巡游航天器的螺旋往返巡游轨迹。

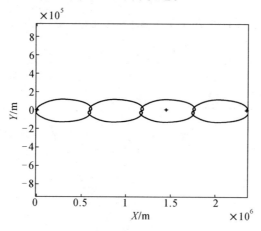

图 4.18　巡游航天器的螺旋往返巡游轨迹

由图 4.18 可知,巡游航天器的相对运动轨迹为由 8 个漂移的椭圆组成的封闭曲线,巡游航天器在 3 颗目标航天器之间往返巡航,往返周期为 8 天。

图 4.19 ~ 图 4.21 分别为巡游航天器在一个巡游周期内与 3 颗目标航天器的相对距离变化曲线。可见,巡游航天器与目标航天器的距离随时间呈现周期性变化。图中虚线处的值为 120km,表示巡游航天器能够对目标进行详细观测的最远距离。由仿真结果可知,巡游航天器在螺旋往返巡游中都存在某一时段能够对 3 颗星进行近距离监视。

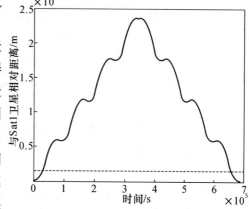

图 4.19　巡游航天器与 Sat1 相对距离变化曲线

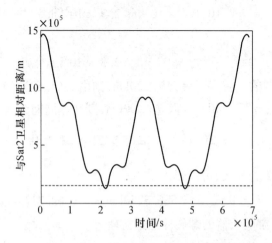

图 4.20　巡游航天器与 Sat2 相对距离变化曲线

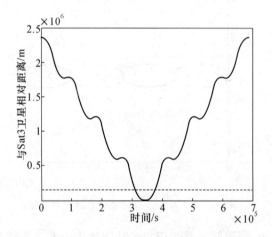

图 4.21　巡游航天器与 Sat3 相对距离变化曲线

图 4.22 为巡游航天器与目标轨道的相对距离变化曲线。

由图 4.22 可知,巡游航天器与目标轨道的距离始终在 120km 以内,表明巡游航天器在螺旋往返过程中还可以对该弧段上的其他航天器进行近距离监视。

巡游航天器每日的漂移量为 586.6km,由式(4.28)可知,巡游航天器每周期切换需要的速度增量为 9.1m/s。

螺旋往返巡游方式能够实现对目标轨道区域内目标群的多频次、近距离往返巡视,并且当其往返区域较小时,往返周期较小,响应能力很高。但是,由于其仅在目标边界处施加轨道控制,而在巡游过程中不做控制调整,所以,对于一组均匀分布的目标,可以通过合理设计巡游轨道使得巡游航天器对每颗星都具备良好的监视效果;而对于一组分布不均匀的目标,巡游航天器只能保证其对区域内少数目标的重点监视,而很难兼顾对其他目标的监视效果。

98

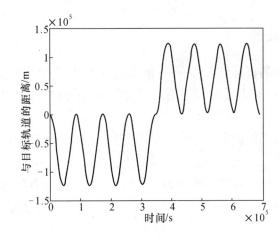

图 4.22 巡游航天器与目标轨道的距离变化曲线

4.5 可控巡游轨道设计

由于空间目标分布的不均匀性、轨道摄动等因素的影响,使得单一的轨道构型很难获得理想的空间目标监视效果。为此,本节提出了可控巡游方式。

可控巡游采用相对轨道与绝对轨道相结合,并利用多次轨道规划的方法进行设计。设计目标为:巡游航天器在一次螺旋运动的过程中(一次正向或者反向巡游),能够对目标群中的每一个目标都能够进行至少一次甚至多次的全方位监测,如图 4.23 所示。

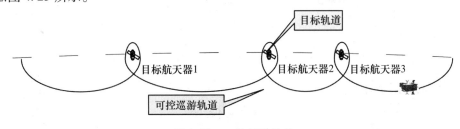

图 4.23 可控螺旋轨道

通过调整螺旋往返轨道的巡游速度、相对漂移椭圆轨迹的构型等,可以使得每一个目标都落在螺旋往返巡游轨道的绕飞轨迹内,从而使得巡游航天器能够在螺旋运动过程中近距离观测目标航天器。此外,为保证巡游航天器对目标航天器成像质量的稳定性,还应该让目标航天器尽量位于螺旋绕飞区域的中心或其附近,从而获得较稳定的成像效果。

4.5.1 螺旋环设计

假设需要监测的目标航天器有 N 个,当巡游航天器运行到目标航天器 i 附近时,如果要对该目标航天器进行近距离绕飞观测,则相对轨迹应当符合以下约束条件:

(1) 绕飞轨迹不能进入目标航天器的安全区域(即飞行禁区),以防止碰撞。

(2) 绕飞轨迹不能超出巡游航天器成像载荷的有效作用范围。

设目标航天器的飞行禁区半径为 r_1,平台成像载荷的有效作用距离为 r_2。在目标航天器轨道坐标系中,设瞄准点的位置为 x_0,如图 4.24 所示。

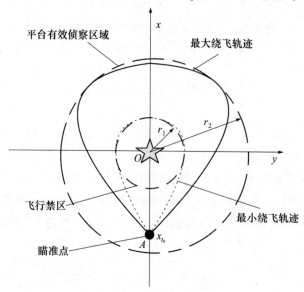

图 4.24　绕飞成像轨迹约束示意图

根据约束条件,有

$$r_1 \leqslant |x_0| \leqslant r_2 \tag{4.65}$$

若 t_0 时刻瞄准点 A 的位置 x_{t_0} 已知,当给定绕飞时间 T(T 为螺旋环绕飞时间,小于等于目标航天器的轨道周期),利用动力学模型进行轨道外推,即可获得巡游航天器的螺旋环轨迹,并且巡游航天器与瞄准点的最大相对距离出现在 $t = t_0 + 0.5T$ 时刻,且

$$h_{max} = |x_{t_0+0.5T} - x_{t_0}| \tag{4.66}$$

式中:h_{max} 表示在螺旋环中巡游航天器与瞄准点之间的最远距离。

所以,对于最小螺旋环而言,应该满足约束

$$h \geqslant |x_0| + r_1 \tag{4.67}$$

100

而对于最大螺旋环而言,应该满足约束

$$h \leqslant |x_0| + r_2 \qquad (4.68)$$

求取绕飞时间约束的算法为解非线性方程的二分法,其流程如图4.25所示。

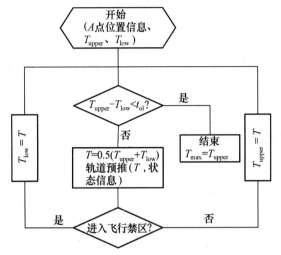

图 4.25　最小飞行周期流程

假设目标轨道为地球静止轨道,巡游航天器上携带载荷的有效作用距离为120km,图4.26给出了目标飞行禁区分别为100m、500m、2km、10km、30km、50km时,最小绕飞时间随瞄准点位置分布的变化曲线。

以图4.26(a)为例,若绕飞顶点距目标航天器径向距离接近目标航天器飞行禁区,则其最小绕飞周期约为24h;若绕飞顶点在径向离目标航天器120km,则最小绕飞周期约为9.7h。

随着瞄准点位置分布的不同,其最小绕飞构型变化趋势如图4.27所示,图中目标飞行禁区为50km,最小绕飞时间分别为23.9344h、18.1850h、15.7811h。

可见,当巡游航天器上携带载荷的有效作用距离一定时,目标飞行禁区半径越小,瞄准点的位置距离目标越远,则最小绕飞时间就越小;目标飞行禁区半径越大,瞄准点的位置距离目标越近,则最小绕飞时间就越大。在极限情况下,当瞄准点位于目标飞行禁区边界时,最小绕飞时间最大,且为目标轨道的一个轨道周期。

4.5.2　进入走廊设计

进入走廊设计的目的是使巡游航天器在目标航天器附近能够以自然螺旋绕飞的形式对目标航天器进行全方位观测,从而不需要额外的轨道控制。

巡游航天器对目标航天器进行绕飞观测时,其相对距离不能超出其携带有效载荷的工作范围,并且相对运动轨迹不能进入目标航天器的飞行禁区,以防止发生

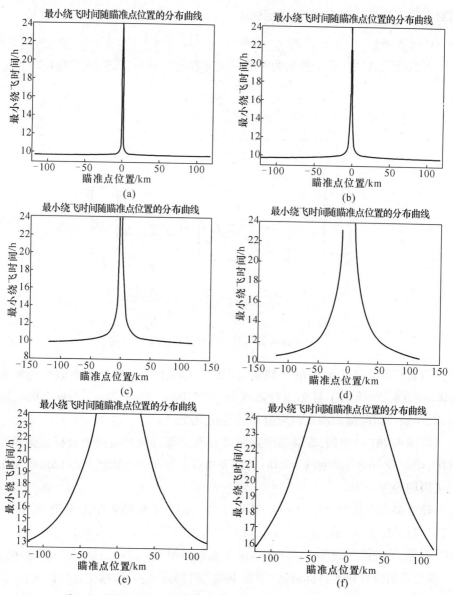

图 4.26 最小绕飞时间随飞行禁区、瞄准点位置分布的变化曲线

(a)目标飞行禁区半径100m;(b)目标飞行禁区半径500m;(c)目标飞行禁区半径2km;
(d)目标飞行禁区半径10km;(e)目标飞行禁区半径30km;(f)目标飞行禁区半径50km。

碰撞。所以,当巡游航天器对某一目标航天器进行螺旋绕飞监视时,除了螺旋绕飞顶点的相对位置会有约束外,其在绕飞顶点的相对初始速度也必须使得巡游航天器的螺旋绕飞轨迹符合约束条件。因此,巡游航天器对目标航天器的螺旋绕飞监视是一个位置、速度的初始状态集合,即"进入走廊"。当巡游航天器完成对目标航天器 $i-1$ 监视任务后,开始规划对目标航天器 i 的监视,在接近目标航天器 i 的

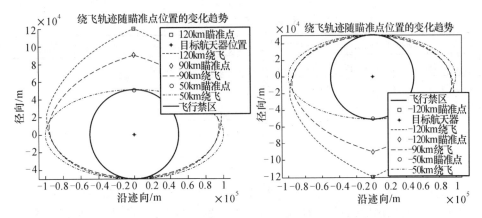

图 4.27　不同瞄准点对应的最小绕飞轨迹

过程中,巡游航天器只要捕获对目标航天器 i 的"进入走廊",就可以在自然相对绕飞下完成对目标航天器 i 的全方位绕飞监视。

进入走廊可以表示为

$$S_i = \cup \left[r_j, \cup \left(v_k \right) \right]$$

$$\text{s. t.} \begin{cases} x_i^{\,2}(t_j) + y_i^{\,2}(t_j) \geqslant r_{\text{jinqu}}^2 \\ x_i^{\,2}(t_j) + y_i^{\,2}(t_j) \leqslant r_{\text{zaihe}}^2 \end{cases}$$

$$t_j \in \left[0, T_j \right] \tag{4.69}$$

式中:S_i 表示目标航天器 i 的进入走廊,是一系列的初始绕飞顶点 r_j 与初始绕飞速度 v_k 的集合。

对于任意的螺旋绕飞顶点 r_j,其绕飞周期 T_j 必须满足条件

$$T_j \in \left[T_{\min}(j), T_{\max}(j) \right]$$

式中:$T_{\min}(j)$ 表示巡游航天器在 r_j 处的最小绕飞周期;$T_{\max}(j)$ 表示其最大绕飞周期;$x_i(t_j)$、$y_i(t_j)$ 是 t_j 时刻巡游航天器的相对位置,满足相对轨迹约束。

由于每一个螺旋绕飞顶点都对应着一个绕飞周期的区间,根据近距离相对运动动力学模型,可以计算出该顶点处一系列的初始相对绕飞速度 v_k。所有的位置速度集合 $\cup \left[r_j, \cup \left(v_k \right) \right]$ 就构成了目标航天器 i 的进入走廊。

巡游航天器需要根据当前状态以及任务要求计算下一步控制脉冲的时机与大小,其关键在于:巡游航天器必须根据其预推的状态实时迭代计算螺旋绕飞轨迹是否符合任务要求。其缺点是:每一次迭代计算需要的时间较长、计算量比较大,GNC 系统对巡游航天器的星载计算机的性能要求较高。考虑到巡游航天器监视的目标群比较固定,所以,根据目标群的特性可以事先设计出目标航天器的进入走廊,从而降低巡游航天器的实时计算量。"进入走廊"表单的设计样式如表 4.3 所列。

表4.3　"进入走廊"表单

	$T_1 = T_{\min}$	T_2	T_3	$\cdots$	$T_n = T_{\max}$
$r_1 = r_{\text{jinqu}}$	$(\dot{x}_{11}、\dot{y}_{11})$	$(\dot{x}_{12}、\dot{y}_{12})$	$(\dot{x}_{13}、\dot{y}_{13})$	$\cdots$	$(\dot{x}_{1n}、\dot{y}_{1n})$
r_2	$(\dot{x}_{21}、\dot{y}_{21})$	$(\dot{x}_{22}、\dot{y}_{22})$	$(\dot{x}_{23}、\dot{y}_{23})$	$\cdots$	$(\dot{x}_{2n}、\dot{y}_{2n})$
r_3	$(\dot{x}_{31}、\dot{y}_{31})$	$(\dot{x}_{32}、\dot{y}_{32})$	$(\dot{x}_{33}、\dot{y}_{33})$	$\cdots$	$(\dot{x}_{3n}、\dot{y}_{3n})$
$\cdots$	$\cdots$	$\cdots$	$\cdots$	$\cdots$	
$r_m = r_{\text{zaihe}}$	$(\dot{x}_{m1}、\dot{y}_{m1})$	$(\dot{x}_{m2}、\dot{y}_{m2})$	$(\dot{x}_{m3}、\dot{y}_{m3})$		$(\dot{x}_{mn}、\dot{y}_{mn})$

表4.3中,$(\dot{x}_{ij}、\dot{y}_{ij})$表示巡游航天器在螺旋绕飞顶点$r_i$处,螺旋绕飞周期为$T_j$时应具有的初始速度矢量,表中绕飞顶点的位置$r_i$以及绕飞周期$T_j$可以根据实际任务需要合理分布。

4.5.3　单次脉冲控制策略

由式(4.34)可知,巡游航天器在相对运动坐标系中相对运动的漂移椭圆参数b可以表示为

$$b = \sqrt{\left(\frac{2\dot{y}_0}{n} + 3x_0\right)^2 + \left(\frac{\dot{x}_0}{n}\right)^2} = \sqrt{\left(\frac{2\dot{y}}{n} + 3x\right)^2 + \left(\frac{\dot{x}}{n}\right)^2} \qquad (4.70)$$

椭圆中心漂移速度为

$$V = 1.5x_{c0}n = 6nx_0 + 3\dot{y}_0 = 6nx + 3\dot{y} \qquad (4.71)$$

巡游航天器每天巡游距离为

$$L = 1.5x_{c0}nT = 12\pi x_0 + 6\pi\frac{\dot{y}_0}{n} = 12\pi x + 6\pi\frac{\dot{y}}{n} \qquad (4.72)$$

式中:$(x_0, y_0, \dot{x}_0, \dot{y}_0)$为巡游航天器的初始相对运动状态;$(x, y, \dot{x}, \dot{y})$表示巡游航天器在任意时刻相对运动状态。

在相对运动坐标系中,根据任务要求改变螺旋轨道构型参数而需要施加的控制冲量可以分为3类:迹向Δv_x、径向Δv_y和法向Δv_z,且沿不同方向施加控制冲量时,作用效果也有很大不同。对于螺旋可控巡游轨道的设计,由于法向控制与目标航天器轨道面内的控制解耦,所以,目标轨道法向的相对运动控制可以单独设计。

1. 沿迹向冲量控制

若利用沿迹向速度增量来改变螺旋巡游轨道,则对于近圆目标轨道而言,对b求微分可得

$$\Delta b = \Delta\sqrt{\left(\frac{2\dot{y}}{n} + 3x\right)^2 + \left(\frac{\dot{x}}{n}\right)^2} = \frac{2}{nb}\left(\frac{2\dot{y}}{n} + 3x\right)\Delta\dot{y} \qquad (4.73)$$

将 x 和 $\dot{y}$ 解的表达式代入到上式中,得到

$$\Delta b = -\frac{2\Delta\dot{y}}{n}\sin(nt + \varphi) \tag{4.74}$$

式中:

$$\sin\varphi = -\left(\frac{2\dot{y}_0}{n} + 3x_0\right), \quad \cos\varphi = \frac{\dot{x}_0}{nb}, \quad \varphi = k\pi + \arctan\frac{-(2\dot{y}_0 + 3nx_0)}{\dot{x}_0}$$

式中,当 $\sin\varphi > 0$ 而 $\cos\varphi < 0$ 时,k 等于 1;当 $\sin\varphi < 0$ 而 $\cos\varphi > 0$ 时,k 等于 0。所以,可以得出

$$x = \frac{\dot{x}_0}{n}\sin nt - \left(3x_0 + 2\frac{\dot{y}_0}{n}\right)\cos nt + 2\left(2x_0 + \frac{\dot{y}_0}{n}\right) =$$

$$b\sin(nt + \varphi) + 2\left(2x_0 + \frac{\dot{y}_0}{n}\right) \tag{4.75}$$

由式(4.74)可知,Δb 与时间 t 成正弦函数关系。设 $|\Delta\dot{y}| = \Delta v$,则 Δb 的最大值为 $\frac{2\Delta\dot{y}}{n}$,最小值为 $-\frac{2\Delta\dot{y}}{n}$。所以,在同样大小的沿迹向冲量作用下,可以通过选择脉冲控制的施加时机来调整螺旋巡游轨道的椭圆大小。

已知当 $\Delta\dot{y} = \Delta v$ 时,$\Delta b = -\frac{2\Delta v}{n}\sin(nt + \varphi)$,因此有以下几种情况:

(1) 当 $nt + \varphi = 2k\pi + \frac{1}{2}\pi$ 时,$x = b + 2\left(2x_0 + \frac{\dot{y}_0}{n}\right)$,即在相对轨迹径向最高点处,螺旋巡游轨道短半轴改变量为 $\Delta b = -\frac{2\Delta v}{n}$。

(2) 当 $nt + \varphi = 2k\pi + \frac{3}{2}\pi$ 时,$x = -b + 2\left(2x_0 + \frac{\dot{y}_0}{n}\right)$,即在相对轨迹径向的最低点处,螺旋巡游轨道的短半轴改变量为 $\Delta b = \frac{2\Delta v}{n}$。

(3) 当 $nt + \varphi = k\pi$ 时,$x = 2\left(2x_0 + \frac{\dot{y}_0}{n}\right)$,即在相对轨迹径向的中点处,螺旋轨道的短半轴改变量为 $\Delta b = 0$。

此时,$x_{c0} = 4x + 2\frac{(\dot{y} + \Delta v)}{n}$,即漂移椭圆中心径向变化量为 $\Delta x_c = 2\frac{\Delta v}{n}$;巡游速度变为 $V = 1.5x_{c0}n = 6nx + 3(\dot{y} + \Delta v)$,即巡游速度变化量为 $\Delta V = 3\Delta v$;而一个周期

内的巡游距离改变量为 $\Delta L = \dfrac{6\pi}{n}\Delta v$。

2. 径向冲量控制

若利用径向速度增量来改变螺旋往返轨道,则对于近圆目标轨道,对 b 求微分可得

$$\Delta b = \Delta\sqrt{\left(\frac{2\dot y}{n} + 3x\right)^2 + \left(\frac{\dot x}{n}\right)^2} = \frac{\dot x}{nb}\Delta\dot x \tag{4.76}$$

将 $\dot x$ 解的表达式代入上式得

$$\Delta b = \Delta\dot x\sin(nt + \theta) \tag{4.77}$$

式中:

$$\sin\theta = \frac{\dot x_0}{nb}, \quad \cos\theta = \frac{2\dot y_0 + 3nx_0}{nb}, \quad \theta = k\pi + \arctan\frac{\dot x_0}{2\dot y_0 + 3nx_0}$$

式中,当 $\sin\varphi > 0$ 而 $\cos\varphi < 0$ 时,k 等于 1;当 $\sin\varphi < 0$ 而 $\cos\varphi > 0$ 时,k 等于 0。所以,可以得出

$$\dot x = \dot x_0\cos nt + (2\dot y_0 + 3nx_0)\sin nt = nb\sin(nt + \theta) \tag{4.78}$$

由式(4.77)可知,Δb 与时间 t 成正弦函数的关系。设 $|\Delta\dot x| = \Delta v$,则 Δb 的最大值为 $\Delta\dot x$,最小值为 $-\Delta\dot x$。所以,在同样大小的径向冲量作用下,也可以通过选择脉冲控制的施加时机来调整螺旋巡游轨道的椭圆大小。

已知当 $\Delta\dot x = \Delta v$ 时,$\Delta b = \Delta v\sin(nt + \varphi)$,因此也有以下一些情况:

(1)当 $nt + \theta = 2k\pi + \dfrac{1}{2}\pi$ 时,$\dot x = nb$,$\ddot x = 0$,$\dot y = -(3\dot y_0 + 6nx_0)$,则螺旋巡游轨道短半轴改变量为 $\Delta b = \Delta v$。

(2)当 $nt + \theta = 2k\pi + \dfrac{3}{2}\pi$ 时,$\dot x = -nb$,$\ddot x = 0$,$\dot y = -(3\dot y_0 + 6nx_0)$,则螺旋巡游轨道椭圆的短半轴改变量为 $\Delta b = -\Delta v$。

(3)当 $nt + \theta = k\pi$ 时,$\dot x = 0$,螺旋巡游轨道的短半轴改变量为 $\Delta b = 0$。

此时,螺旋巡游轨道沿迹向中心初始相对位置会偏移 $\Delta y_c = -\dfrac{2}{n}\Delta v$,但是,漂移椭圆径向中心距离保持不变,巡游速度 V 也保持不变,一个周期内的巡游距离也不变。

根据上述分析,可以总结出螺旋可控巡游轨道中利用冲量对漂移椭圆构型参数实施控制的效果,进而得到螺旋可控巡游轨道的控制策略。冲量的施加方向及

106

控制点的选取如图 4.28 所示。

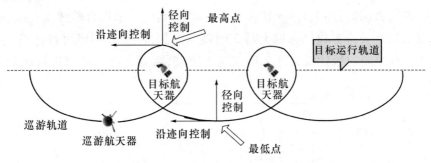

图 4.28　施加冲量的方向及控制点的选取

在仅使用沿迹向冲量控制的情况下：

（1）在相同的速度增量条件下,在相对轨迹径向的最高点与最低点处施加沿迹向冲量,螺旋巡游轨道的短半轴改变量为 $|\Delta b| = \dfrac{2\Delta v}{n}$;而在螺旋巡游轨道的径向中点处施加沿迹向冲量,不改变螺旋巡游轨迹的短半轴 b。

（2）巡游轨道径向中心 x_{c0} 的改变量与沿迹向冲量成正比关系,且 $\Delta x_c = 2\dfrac{\Delta v}{n}$。

（3）巡游速度的改变量以及每周期螺旋巡游轨道巡游距离改变量与沿迹向冲量成正比关系,且 $\Delta V = 3\Delta\dot{y} = 3\Delta v, \Delta L = \dfrac{6\pi}{n}\Delta v$。

（4）沿迹向冲量不改变螺旋巡游轨道中心沿迹向的初始相对位置。

在仅使用沿径向冲量控制的情况下：

（1）径向冲量控制不改变巡游速度 V 和每周期螺旋进动的距离 L。

（2）螺旋巡游轨道中心沿迹向初始相对位置的改变量与径向冲量成正比关系,即 $\Delta y_c = -\dfrac{2}{n}\Delta v$。

（3）径向冲量对螺旋巡游轨道的短半轴最大改变量为 $|\Delta b| = \Delta v$,并且在螺旋巡游轨道径向最高与最低点处,施加径向冲量对螺旋巡游轨道的短半轴 b 无影响。

（4）径向冲量控制不改变螺旋巡游轨道中心径向初始相对位置 x_c。

综上所述,对于漂移椭圆构型参数的冲量控制方式,可以采用以下的控制策略：

（1）当调整漂移椭圆的短半轴时,需要施加径向或迹向控制,且沿迹向控制效果更好。

（2）当调整漂移椭圆中心的漂移速度时,需要施加迹向冲量控制。

（3）当调整漂移椭圆中心沿径向偏移时,需要施加迹向冲量控制。

（4）当调整漂移椭圆中心沿迹向偏移时,需要施加径向冲量控制。

以利用径向冲量控制来调整螺旋巡游轨道参数为例。选取 3 颗目标航天器（图 4.29），目标集为 $\{0, 1.4 \times 10^3 \text{km}, 2.3 \times 10^3 \text{km}\}$，若采用自然螺旋方式，可以形成对目标航天器 1 和目标航天器 3 的绕飞观测，但没有形成对目标航天器 2 的绕飞。如果要对目标航天器 2 形成绕飞轨迹，需要在绕飞之前进行相对轨道控制。

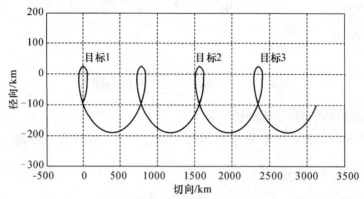

图 4.29 对目标航天器 1 和 3 形成绕飞的自然螺旋绕飞轨迹

在不改变巡游轨道的巡游半径等基本构型参数的条件下，改变螺旋巡游轨道中心沿迹向初始相对位置，可以将目标 2 也放入巡游轨道绕飞区域的中心内，如图 4.30 所示。轨迹 1 是不加控制的自然螺旋漂移构型，轨迹 2 是施加控制的螺旋漂移构型。

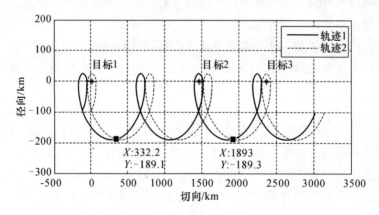

图 4.30 轨迹 2 到轨迹 1 的转移控制点

根据轨道控制的一般原理，在两条轨迹的交叉点处实施脉冲控制，可实现轨迹的切换。因此，在交叉点（332.2，−189.1）处实施脉冲控制，可实现从轨迹 1 到轨迹 2 的控制；然后，在交叉点（189.3，−189.3）处实施脉冲控制，实现从轨迹 2 回到轨迹 1。控制所需要的速度增量为 2.8m/s，且两次控制方向相反。经过上述控制，最终得到的螺旋巡游轨道轨迹如图 4.31 所示。

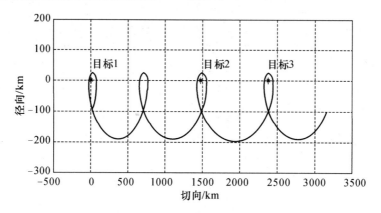

图 4.31　单脉冲控制作用下整个飞行过程的轨迹曲线

4.5.4　快速巡游控制策略

采用自然漂移螺旋轨迹的方式对目标航天器进行绕飞观测时,相对运动控制容易实现,所需的控制量即燃料消耗也较少,但施加控制量的时刻必须是规定好的,且控制过渡过程时间较长。下面研究过渡时间可调的控制方法,以增强相对运动控制方法的灵活性并缩短构型控制的过渡时间。

由式(4.27)可知,当目标轨道为近圆轨道时,巡游航天器相对运动方程解的矩阵形式为

$$\begin{bmatrix} \boldsymbol{\rho} \\ \dot{\boldsymbol{\rho}} \end{bmatrix} = \boldsymbol{\Phi}_{xx_0} = \begin{bmatrix} \boldsymbol{\Phi}_{11}(t) & \boldsymbol{\Phi}_{12}(t) \\ \boldsymbol{\Phi}_{21}(t) & \boldsymbol{\Phi}_{22}(t) \end{bmatrix} \begin{bmatrix} \boldsymbol{\rho}_0 \\ \dot{\boldsymbol{\rho}}_0 \end{bmatrix} \tag{4.79}$$

式(4.79)表示了初始相对位置和相对速度对 t 时刻相对位置和相对速度的影响,即相对运动的状态转移关系式。如果为 $-t$ 时刻,则可根据相对位置和相对速度求解初始相对位置和相对速度,即

$$\begin{bmatrix} \boldsymbol{\rho}_0 \\ \dot{\boldsymbol{\rho}}_0 \end{bmatrix} = \boldsymbol{\Phi}_{x_0x} = \begin{bmatrix} \boldsymbol{\Phi}_{11}(-t) & \boldsymbol{\Phi}_{12}(-t) \\ \boldsymbol{\Phi}_{21}(-t) & \boldsymbol{\Phi}_{22}(-t) \end{bmatrix} \begin{bmatrix} \boldsymbol{\rho} \\ \dot{\boldsymbol{\rho}} \end{bmatrix} \tag{4.80}$$

可见

$$\boldsymbol{\Phi}_{xx_0} = \boldsymbol{\Phi}_{x_0x}^{-1} \tag{4.81}$$

设定时间 t,终端位置为 $\bar{p}_2$ 和终端速度为零,整理可得两次速度增量为

$$\bar{p}_2 = \boldsymbol{\Phi}_{pp}\bar{p}_0 + \boldsymbol{\Phi}_{p\dot{p}}\dot{\bar{p}}_1 \Rightarrow \dot{\bar{p}}_1 = \boldsymbol{\Phi}_{12}^{-1}(\bar{p}_2 - \boldsymbol{\Phi}_{11}\bar{p}_0) \tag{4.82}$$

则

109

$$\Delta \bar{v}_1 = \dot{\bar{p}}_1 - \dot{\bar{p}}_0 = \Phi_{12}^{-1}(\bar{p}_2 - \Phi_{11}\bar{p}_0) - \dot{\bar{p}}_0 \tag{4.83}$$

$$\dot{\bar{p}}_2 = \Phi_{21}\bar{p}_0 + \Phi_{22}\dot{\bar{p}}_1 \Rightarrow \Delta \bar{v}_2 = -\dot{\bar{p}}_2 = -(\Phi_{21}\bar{p}_0 + \Phi_{22}\dot{\bar{p}}_1) \tag{4.84}$$

同样以图 4.29 所示的 3 颗目标航天器为例。

（1）从目标航天器 1 到目标航天器 2：控制起始点位置是对目标航天器 1 绕飞轨迹结束时的交叉点，终端点位置是对目标航天器 2 绕飞轨迹开始时的交叉点。

起始点：

$$\begin{cases} x_1 = \Delta a - p\cos(u_0 + \Delta u - \varphi) \\ y_1 = l - 1.5\Delta a\Delta u + 2p\sin(u_0 + \Delta u - \varphi) \\ \dot{x}_1 = np\sin(u_0 + \Delta u - \varphi) \\ \dot{y}_1 = -1.5\Delta an + 2np\cos(u_0 + \Delta u - \varphi) \end{cases}$$

终端点：

$$\begin{cases} x_2 = \Delta a - p\cos(u_0 + 4\pi - \varphi) \\ y_2 = \Delta l + l - 1.5\Delta a4\pi + 2p\sin(u_0 + 4\pi - \varphi) \\ \dot{x}_2 = np\sin(u_0 + 4\pi - \varphi) \\ \dot{y}_2 = -1.5\Delta an + 2np\cos(u_0 + 4\pi - \varphi) \end{cases}$$

分别设定过渡时间为 $1 \times 10^4 \text{s}$、$3 \times 10^4 \text{s}$、$5 \times 10^4 \text{s}$、$7 \times 10^4 \text{s}$、$9 \times 10^4 \text{s}$、$11 \times 10^4 \text{s}$，对应的两脉冲控制的轨迹变化曲线如图 4.32 所示。

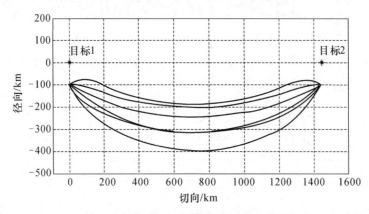

图 4.32　目标 1 过渡到目标 2 的轨迹曲线

图 4.32 中，随着过渡时间的增加，过渡轨迹曲线呈逐渐抬升的趋势，相应的控制速度消耗如表 4.4 所列。

表 4.4 不同过渡时间对应的控制速度消耗

过渡时间/s	1×10^4	3×10^4	5×10^4	7×10^4	9×10^4	11×10^4
控制速度消耗/(m/s)	272.64	57.97	9.86	10.78	17.20	21.71

从表中可以看出,不同过渡时间对应的控制速度消耗是不一样的。如果过渡时间太短则对应的速度消耗较大;但是,增加过渡时间也不一定使得速度消耗减少。如果折中选择合适的过渡时间,则一方面比单脉冲控制的过渡时间要小,另一方面速度消耗也不宜太大。

(2)从目标航天器 2 到目标航天器 3:控制起始点位置是对目标航天器 2 绕飞轨迹结束时的交叉点,终端点位置是对目标航天器 3 绕飞轨迹开始时的交叉点。

起始点:

$$\begin{cases} x_3 = \Delta a - p\cos(u_0 + 4\pi + \Delta u - \varphi) \\ y_3 = \Delta l + l - 1.5\Delta a(4\pi + \Delta u) + 2p\sin(u_0 + 4\pi + \Delta u - \varphi) \\ \dot{x}_3 = np\sin(u_0 + 4\pi + \Delta u - \varphi) \\ \dot{y}_3 = -1.5\Delta an + 2np\cos(u_0 + 4\pi + \Delta u - \varphi) \end{cases}$$

终端点:

$$\begin{cases} x_4 = \Delta a - p\cos(u_0 + 6\pi - \varphi) \\ y_4 = l - 1.5\Delta a 6\pi + 2p\sin(u_0 + 6\pi - \varphi) \\ \dot{x}_4 = np\sin(u_0 + 6\pi - \varphi) \\ \dot{y}_4 = -1.5\Delta an + 2np\cos(u_0 + 6\pi - \varphi) \end{cases}$$

分别设定过渡时间为 2×10^4 s、3×10^4 s、4×10^4 s、5×10^4 s、6×10^4 s、7×10^4 s,对应的轨迹变化曲线如图 4.33 所示。

图 4.33 中,随着过渡时间的增加,过渡轨迹曲线呈逐渐抬升的趋势,相应的控制速度消耗如表 4.5 所列。

表 4.5 不同过渡时间对应的控制速度消耗

过渡时间/s	2×10^4	3×10^4	4×10^4	5×10^4	6×10^4	7×10^4
控制速度消耗/(m/s)	60.41	22.85	4.18	6.14	11.48	14.27

从表中可以看出,不同过渡时间对应的控制速度消耗是不一样的。如果过渡时间太短则对应的速度消耗较大,但是,增加过渡时间也不一定使得速度消耗减少。

综上所述,从目标航天器 1 过渡到目标航天器 2 的过渡时间为 5×10^4 s,从目标航天器 2 过渡到目标航天器 3 的过渡时间为 4×10^4 s,则整个飞行过程的轨迹曲

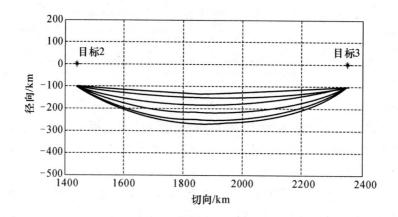

图 4.33 目标 2 过渡到目标 3 的轨迹曲线

线如图 4.34 所示。

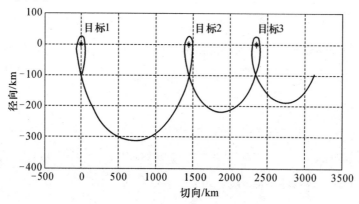

图 4.34 整个飞行过程的轨迹曲线

4.6 小 结

与传统轨道设计方法不同的是,螺旋巡游轨道是一种以目标轨道为参考设计的轨道。在螺旋巡游轨道上运行的航天器具有能量消耗少(控制消耗的能量少)、效费比高(单个航天器可实现对目标轨道上多个航天器的探测),以及多视角(大于180°,可以达到360°)、近距离高精度探测的能力,在空间目标监视领域具有极高的应用价值。

本章从不同的应用目的出发,分别介绍了遍历、往返和可控 3 种螺旋巡游轨道的设计方法,并给出了具体的控制策略;最后,结合典型案例,仿真分析了螺旋巡游轨道设计与控制方法的可行性和实用性。

第5章 基于穿越点的多目标
交会轨道理论与设计方法

本章将针对一个服务航天器对多个目标航天器的轨道交会问题,提出一个新概念——穿越点,并基于穿越点的概念分别提出共面多目标航天器的轨道交会方法和非共面多目标航天器的轨道交会方法,尤其是非共面多目标的轨道交会方法。该方法利用穿越点将非共面、多目标航天器的轨道交会问题转化为共面、多点轨道交会问题,从而为一个服务航天器与运行在不同轨道上的多个目标航天器的快速、低能耗轨道交会提供了可能。

5.1 多目标轨道交会问题描述

轨道交会是轨道机动的一种方式,是指追踪航天器与目标航天器在某个时刻于空间某点相会的过程。通常轨道交会需要施加轨道控制,因此,轨道控制的复杂程度以及对能量和时间的需求就成为了实现轨道交会必须考虑的因素。众所周知,在轨道机动的各种方式中,轨道平面的改变不仅需要消耗航天器大量的燃料,而且控制过程也相对复杂。所以,一般情况下航天器在进行轨道交会时都采用共轨道平面的方式。也就是说,追踪航天器与目标航天器都运行在同一个轨道平面内,追踪航天器只需要进行共面轨道机动即可。

随着航天任务的种类越来越多,对轨道交会能力的需求也越来越大。由于航天器制造、发射和运行管理都花费巨大,从节约成本、提高效率的角度考虑,要求一个服务航天器能够在轨服务尽可能多的目标航天器。也就是说,需要采用"一对多"的在轨服务模式。据统计,截止2013年9月1日,在轨工作航天器已达到1084个,它们分布在多个轨道平面上(图5.1);如果再加上在轨的废弃卫星,那么分布的轨道平面数量就会更多。如果采用传统的共面轨道交会的方法,即便是一个服务航天器能够服务于其轨道平面内的多个目标航天器,也还是需要在不同轨道平面内发射大量的服务航天器,这显然耗费巨大。因此,为了更好地满足"一对多"的在轨服务要求,提高在轨服务效率,如何实现与空间多目标尤其是非共面多目标航天器的轨道交会就成了亟待解决的重要问题。

本章将空间多目标轨道交会问题划分为共面多目标航天器的轨道交会问题

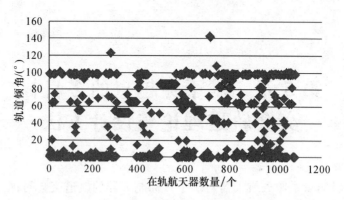

图 5.1　在轨航天器轨道倾角分布图

(简称为共面多目标交会)和非共面多目标航天器的轨道交会问题(简称为非共面多目标交会)两个部分。其中,共面多目标交会问题是指位于同一个轨道平面内的一个服务航天器和多个目标航天器的轨道交会问题,包括交会轨道的设计和轨道控制;而非共面多目标轨道交会问题是指一个服务航天器通过轨道机动分别实施与其它不在其轨道平面内的多个目标航天器的轨道交会的轨道设计与轨道控制问题。

通常轨道设计包括服务航天器的停泊轨道设计和交会轨道设计;而轨道控制则包括服务航天器从停泊轨道到交会轨道的轨道控制,以及服务航天器分别与每个目标航天器进行交会的交会轨道之间的轨道控制。显然,为了使得"一对多"的在轨交会模式具有可行性,必须尽量减少轨道控制的过程以及轨道机动需要消耗的能量。

通常,航天器的运行轨道可以用 6 个轨道根数(a,e,i,Ω,ω,τ)或者是地心直角坐标(x,y,z)来描述。设服务航天器的轨道根数为($a_S,e_S,i_S,\Omega_S,\omega_S,\tau_S$),它与 n 个目标航天器的轨道交会位置记为

$$P_1 : (t_1, x_1, y_1, z_1)$$
$$P_2 : (t_2, x_2, y_2, z_2)$$
$$\vdots$$
$$P_n : (t_n, x_n, y_n, z_n)$$

式中:$P_i(i=1,2,\cdots,n)$ 表示服务航天器分别与 n 个目标航天器进行轨道交会的时刻和位置。显然,这 n 个带有时间属性的位置也应该在服务航天器的轨道上。图 5.2 显示的是当 n 为 3 时的情况。

图 5.2 中,交会轨道分别与 3 条目标轨道相交于 A、B、C 三点。但是,我们都知道,连接空间任意两点的轨道有无数条,而连接空间任意三点,甚至是多于三点的轨道就未必存在了,除非进行轨道机动。所以,在设计交会轨道时,如果要求交会

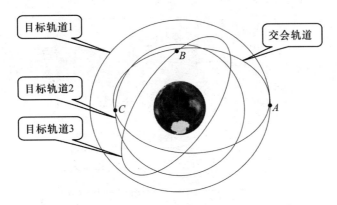

图 5.2　服务航天器与目标航天器轨道交会的示意图

轨道与 3 条以上目标轨道同时存在交点,那么这条交会轨道很有可能是不存在的,这时就需要施加轨道控制。

　　考虑到多数空间交会任务并不要求服务航天器与目标航天器零距离接近,也就是说只需要将服务航天器送至目标航天器附近(相对距离在几十至几百千米的范围内)即可。因此,本章所研究的多目标轨道交会方法不仅可以用于多目标交会对接任务,也可以服务于多目标轨道拦截任务。

5.2　穿越点的概念及其确定方法

5.2.1　穿越点的概念

　　为了减少轨道交会过程中轨道控制的复杂度和成本,共面轨道机动显然是一种比较理想的选择。但是,如果目标航天器都不在一个轨道平面内,那么要求服务航天器与它们同时共面显然是不可能的。其实,服务航天器与目标航天器进行轨道交会时,只是与目标航天器运行轨道上的某个点相交,并不要求与整个目标航天器的轨道相交。也就是说,只要服务航天器的运行轨道与目标航天器的交会点共面即可。

　　根据开普勒第一定律可知,每个绕地飞行的航天器运行轨道都在一个过地心的平面内。也就是说,任意两个航天器的轨道平面必然会相交。所以,如果以服务航天器的停泊轨道平面为基准平面,那么,其他所有航天器的轨道平面必然都与其相交,并且每个航天器轨道在这个基准平面上的交点就位于轨道平面的交线上,显然,交线过地心,而交点则分布在地心两侧,如图 5.3 所示。

　　如图 5.3 所示的是两个轨道平面相交的情况。可见,目标航天器轨道从服务航天器所在的停泊轨道平面(即基准平面)穿过,并在两个轨道平面的交线上形成

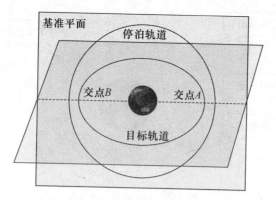

图 5.3　穿越点概念图

了两个交点,我们就把这两个交点称为穿越点。其中,位于地心天球北半球的穿越点称为北穿越点,位于地心天球南半球的穿越点称为南穿越点,且这两个穿越点的相位差为180°。

显然,所有与服务航天器不共面的目标航天器的轨道都会在服务航天器的轨道平面上形成两个穿越点,并且不断从这两个穿越点穿过服务航天器所在的轨道平面。也就是说,在服务航天器的轨道平面内散布着大量的穿越点,而这些穿越点既位于目标航天器的轨道上,又位于服务航天器的轨道平面内。如果将这些穿越点设定为服务航天器与目标航天器的交会点,那么,服务航天器就不需要进行轨道平面的改变,而只需要进行轨道平面内的轨道机动即可。

这种在穿越点与多个目标航天器实施轨道交会的方法就是本章所提出的基于穿越点的非共面多目标轨道交会方法。可见,通过该方法不仅可以将非共面轨道交会问题转化为共面轨道交会问题,而且对于任意多个目标航天器都是适用的,完全满足"一对多"的轨道交会模式要求。

其实,共面轨道交会问题中的交会点也可以看作是穿越点,如图5.4所示。

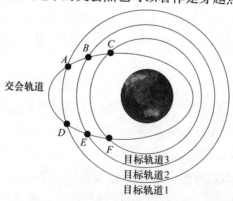

图 5.4　共面多目标轨道交会中的穿越点

图中 A、B、C、D、E、F 6 个点分别是交会轨道与目标轨道1、目标轨道2和目标轨道3的轨道交点,也可以将它们看作是目标航天器穿越服务航天器轨道时所形成的穿越点。显然,在共面轨道交会问题中,目标航天器穿越的是服务航天器轨道,穿越点在服务航天器的轨道上;而在非共面轨道交会问题中,目标航天器穿越的是服务航天器的轨道平面,穿越点在服务航天器的轨道平面上。可见,共面轨道交会中的穿越点只是非共面轨道交会中穿越点的一种特例而已,所以,本章将重点介绍非共面多目标的轨道交会方法。

5.2.2 穿越点的确定方法

通常航天器的运行轨道可以用 6 个轨道根数来描述,即 $(a,e,i,\Omega,\omega,\tau)$,其中,利用 i、Ω 两个轨道根数就可以唯一确定航天器运行的轨道平面。

按照穿越点的定义可知,每个航天器的轨道都会在指定的轨道平面上形成两个穿越点。也就是说,首先需要确定被穿越的轨道平面。

设服务航天器所在轨道平面为交会轨道平面,可以用轨道根数 (i_s,Ω_s) 来表示;假设一个目标航天器穿越该轨道平面,目标航天器的轨道根数为 $(a_t,e_t,i_t,\Omega_t,\omega_t,\tau_t)$,如图5.5所示。

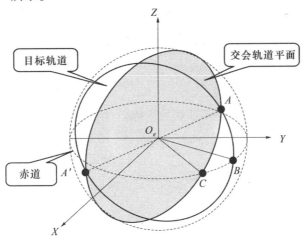

图 5.5 非共面交会穿越点空间几何关系图

图 5.5 中,A 点和 A' 点为目标航天器轨道与交会轨道平面的两个交点,即北穿越点和南穿越点;B 点为目标卫星轨道的升交点;C 点为交会轨道平面的升交点。穿越点在交会轨道平面内的坐标可以用 (t,r,ϕ) 来表示,其中,t 为目标航天器穿过交会轨道平面的时刻,r 为穿越点的地心距,ϕ 为穿越点在交会平面内的升交点幅角。

因此,北穿越点 A 的坐标为 (t_N,r_N,ϕ_N),其中,t_N 为目标航天器过北穿越点 A

的时刻,$r_N = O_eA$ 为北穿越点 A 的地心距,$\phi_N = \angle AO_eC$ 为北穿越点 A 在交会轨道平面内的升交点幅角。可见,在地心天球上的 A、B、C 三点构成了一个球面三角形,由球面三角形计算公式求得

$$\tan\phi_N = \begin{cases} \dfrac{\sin(\Omega_t - \Omega_s)}{\cos(\Omega_t - \Omega_s)\cos i_s + \sin i_s \cot(180° - i_t)} &, \Omega_t > \Omega_s \\[3mm] \dfrac{\sin(\Omega_s - \Omega_t)}{\cos(\Omega_s - \Omega_t)\cos(180° - i_2) + \sin(180° - i_2)\cot i_t} &, \Omega_t < \Omega_s \end{cases}$$

(5.1)

由轨道方程可得

$$r_N = \frac{a_t(1 - e_t^2)}{1 + e_t\cos(u_N - \omega_t)}$$

(5.2)

式中:u_N 为北穿越点 A 在目标航天器轨道平面内的升交点幅角,且

$$\sin u_N = \frac{\sin\phi_N \sin i_s}{\sin i_t}$$

(5.3)

由开普勒方程可得

$$t_N = (E_N - e_t\sin E_N)\sqrt{\frac{a_t^3}{\mu}} + \tau_t$$

(5.4)

式中:E_N 为北穿越点 A 在目标航天器轨道上的偏近点角,且

$$\tan\frac{E_N}{2} = \sqrt{\frac{1 - e_t}{1 + e_t}}\tan\frac{(u_N - \omega_t)}{2}$$

(5.5)

已知南穿越点 A' 与北穿越点 A 相对于地心 O_e 对称,则南穿越点 A' 在交会轨道平面内的坐标(t_s, r_s, ϕ_s)为

$$\begin{cases} t_s = (E_s - e_t\sin E_s)\sqrt{\dfrac{a_t^3}{\mu}} + \tau_t \\[3mm] \phi_s = \pi + \phi_N \\[3mm] r_s = \dfrac{a_t(1 - e_t^2)}{1 + e_t\cos(u_s - \omega_t)} \end{cases}$$

(5.6)

式中

$$\begin{cases} E_s = 2\arctan\left(\sqrt{\dfrac{1 - e_t}{1 + e_t}}\tan\dfrac{(u_s - \omega_t)}{2}\right) \\[3mm] u_s = \pi + u_N \end{cases}$$

(5.7)

可见,对于位于同一个轨道平面内的不同目标航天器轨道,它们在交会轨道平面上北穿越点的升交点幅角 ϕ_N 都是相同的,南穿越点的升交点幅角 ϕ_s 也是相同

118

的,只是地心距 r_N、r_s 不同而已,且地心距与目标航天器轨道的大小、形状和近地点方向有关。然而,对于穿越时刻 t_N 或者 t_s,它们并不是唯一的,因为目标航天器会在每个轨道周期都分别穿过南、北两个穿越点,且穿越的时间间隔都为目标航天器的一个运行周期,即

$$\begin{cases} t_{mN} = t_N + mT_t \\ t_{ms} = t_s + mT_t \end{cases}, \quad m = 0,1,2,\cdots \tag{5.8}$$

式中:T_t 为目标航天器的轨道周期;t_{mN} 和 t_{ms} 为目标航天器第 m 个轨道周期分别通过两个穿越点的时刻。

如果是确定共面轨道交会中的穿越点,则方法要简单一些,如图5.6所示。

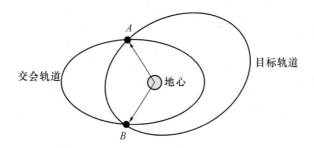

图5.6　共面轨道交会的穿越点示意图

设服务航天器的轨道根数为 $(a_s, e_s, i_s, \Omega_s, \omega_s, \tau_s)$,目标航天器的轨道根数为 $(a_t, e_t, i_t, \Omega_t, \omega_t, \tau_t)$,且 $\begin{cases} i_s = i_t \\ \Omega_s = \Omega_t \end{cases}$,两个航天器轨道的交点即穿越点为 A 点和 B 点。则穿越点处的地心距满足如下关系:

$$\begin{cases} r_s^A = r_t^A \\ r_s^B = r_t^B \end{cases}$$

由轨道方程可得

$$\begin{cases} \dfrac{a_t(1 - e_t^2)}{1 + e_t \cos f_t^A} = \dfrac{a_s(1 - e_s^2)}{1 + e_s \cos f_s^A} \\[3mm] \dfrac{a_t(1 - e_t^2)}{1 + e_t \cos f_t^B} = \dfrac{a_s(1 - e_s^2)}{1 + e_s \cos f_s^B} \end{cases} \tag{5.9}$$

据此,可以确定穿越点 A 和 B 在目标轨道上的真近点角 f_t^A 和 f_t^B,以及目标航天器通过这两个穿越点的时刻 t_A 和 t_B。

5.3　基于穿越点的轨道交会策略

5.3.1　基于穿越点的设计思想

基于穿越点的非共面轨道交会是指以目标航天器轨道在服务航天器轨道平面上形成穿越点为交会点,将非共面轨道交会转换为共面轨道交会,从而降低非共面轨道交会的能量消耗;而基于穿越点的多目标轨道交会则是指服务航天器通过多次轨道平面内的机动完成与多个目标航天器在穿越点处的轨道交会,通过合理的交会轨道设计和轨道交会控制,甚至可以实现在服务航天器在一个轨道周期内与多个目标航天器的轨道交会,从而大大降低了非共面多目标轨道交会的时间和能量消耗。

该方法不仅对于服务航天器是否与目标航天器位于同一个轨道平面内不做约束,而且对于多个目标航天器是否共面也不做约束,而影响该方法的主要因素是目标航天器数量、穿越点位置、与目标航天器的轨道交会时间以及服务航天器的轨道机动能量约束。

目前,在轨航天器主要分布在 3 个轨道区域:低轨 LEO(轨道高度为 200 ~ 1500km)、中轨 MEO(轨道高度为 19000 ~ 23000km)和高轨 GEO(轨道高度为 36000km)。根据美国 UCS 数据库统计[①],截至到 2013 年 5 月 31 日,在轨运行的航天器共有 1071 颗,其中有 523 颗 LEO 卫星,75 颗 MEO 卫星,435 颗 GEO 卫星,还有 38 颗为大椭圆轨道卫星(HEO)。在轨航天器的轨道分布情况如图 5.7 所示。

所以,在设计服务航天器轨道时,可以针对 LEO、MEO、GEO 三个轨道区域分布的目标航天器分别进行设计。虽然基于穿越点的多目标轨道交会方法并不要求服务航天器与目标航天器共面,但是,如果服务航天器与目标航天器群中最重要的目标航天器共面,可以增大与该目标航天器进行轨道交会的机会。

5.3.2　交会轨道设计策略

尽管在各轨道区域运行的目标航天器与部署在该区域的服务航天器轨道平面不重合,但是,按照穿越点的概念,该区域中的所有目标航天器必然会在该服务航天器的轨道平面上形成若干个成对的穿越点。为了使服务航天器更加高效地与多个目标航天器进行轨道交会,需要对服务航天器的交会轨道在该轨道平面内进行

---

①　Union of Concerned Scientists. UCS Satellite Database[EB/OL]. http：// www. ucsusa. Org/ nuclear_ - weap - ons_and_global_security/ space_weapons/ technical_issues/ ucs - satellite - database. html.

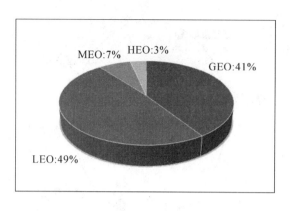

图 5.7　在轨航天器轨道分布图

优化设计。

考虑到穿越点都是带有时间标记的空间点,所以,服务航天器的交会轨道不仅要通过这些穿越点,而且还要在每个穿越点的标记时刻通过。如果只是通过两个穿越点,那么,按照朗伯特时间定理就可以设计出一条同时通过两个穿越点的交会轨道,且通过穿越点的时间也满足标记时间要求。如果服务航天器要通过 3 个或者更多个穿越点时,就很难设计出一条交会轨道了。这时,服务航天器就需要进行轨道机动。

假设有 4 个目标航天器,那么,它们会在服务航天器的轨道平面内形成 8 个穿越点,如图 5.8 所示。

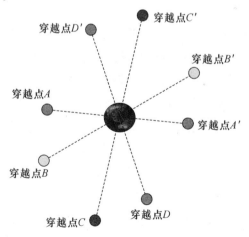

图 5.8　四目标八穿越点示意图

为了使得服务航天器尽量接近这些穿越点,首先需要对这些穿越点进行轨道拟合。按照轨道动力学原理,拟合出轨道必须是椭圆形的圆锥曲线,且地球球心必须为拟合曲线的一个焦点上,如图 5.9 所示。

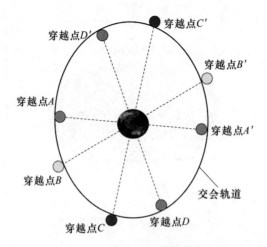

图 5.9 基于穿越点拟合的交会轨道

然后,按照拟合轨道分别计算出服务航天器通过各穿越点的时刻,并将这些时刻分别与目标航天器穿过这些穿越点的标示时刻进行比对。通过对服务航天器初始相位的调整,或者是调整服务航天器过近地点的时刻,可以确保服务航天器尽可能在穿越点标示时刻通过穿越点;而对于实在无法在穿越点标示时刻通过的穿越点,或者是无法利用一条交会轨道通过的穿越点,就只能通过轨道平面内的轨道控制来实现在穿越点的轨道交会了。

5.3.3 轨道交会控制方法

基于穿越点集,通过曲线拟合方式可以优化设计出一条交会轨道。但是,由于穿越点都是一些标记有时间戳的特殊位置,所以,按照距离之和最小化优化设计出的交会轨道只能确保交会轨道最大程度地接近穿越点集,而不能保证服务航天器沿着交会轨道通过穿越点或者其附近时,目标航天器也都能准时飞过穿越点。通常目标航天器是不可控的甚至是非合作的,这就需要对服务航天器进行轨道控制,以确保其能够在目标航天器通过穿越点时准时到达穿越点附近。

本节按照穿越点与交会轨道的相对位置不同,提出了相位调整、固定时间轨道机动和分离交会弹道3种轨道交会控制方法。

1. 相位调整方法

该方法主要应用于交会轨道能够准确通过的穿越点,且对交会时间没有严格要求的多目标轨道交会任务,如图5.10所示。

图 5.10 中,穿越点 A 和穿越点 B 均位于交会轨道上。通过交会轨道过近地点时刻的设计可以使得服务航天器沿交会轨道运动至 A 点的时刻 t_1 等于目标航天器1通过穿越点 A 的时刻 t_A,即服务航天器可以不进行轨道控制就在穿越点 A 与目

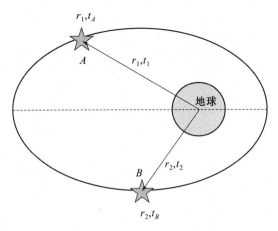

图 5.10 穿越点与交会轨道的时间位置关系

标航天器1实施轨道交会;但是,服务航天器到达穿越点 B 的时间 t_2 与目标航天器 2 通过穿越点 B 的时间 t_B 不一致,且存在时间差 $\Delta t = t_2 - t_B$,如果由 t_1 时刻继续沿着交会轨道运动至 B 点则无法与目标航天器2交会,所以,必须对服务航天器进行轨道控制。

通过相位调整的方法,可以将服务航天器在再次通过穿越点 B 时的时刻调整为 $t'_2 = t_2 - \Delta t$,如图 5.11 所示。

图 5.11 所示的相位调整方法就是在交会轨道的远地点进行轨道机动,使得服务航天器进入一条远地点与其相同的调相轨道,如图中虚线所示,t_a 为调相前服务航天器到达远地点的时刻,t'_a 调相后服务航天器到达远地点的时刻。通过调相,使得当服务航天器沿调相轨道运动一个周期回到远地点时,再机动回到原交会轨道,并且返回远地点的时刻正好满足继续沿交会轨道运动至穿越点 B 时与目标航天器2正好交会,即服务航天器到达 B 点的时刻 t'_2 与目标航天器通过 B 点的时刻 t_B 之间存在如下关系:

$$t_2' = t_B + nT_2 \qquad (5.10)$$

式中:T_2 为目标航天器2的轨道周期;n 为大于等于0的整数。

按照该方法,当目标航天器数量增加时,服务航天器就需要进行多次相位调整。最极端的情况是针对 N 个目标航天器,服务航天器需要进行 $N-1$ 次相位调整。显然,这就需要耗费较多的交会时间,且控制频率较多,无法实现快速多目标航天器轨道交会。

2. 固定时间轨道机动方法

该方法主要应用于交会轨道能够准确通过的穿越点,且对交会时间有严格要求的多目标轨道交会任务。

如图 5.6 所示,交会轨道能够通过穿越点 A 和穿越点 B,且在 t_1 时刻服务航天

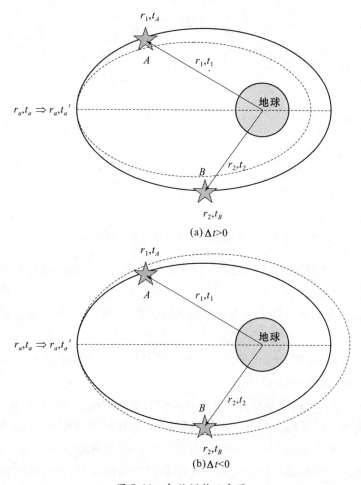

(a) $\Delta t > 0$

(b) $\Delta t < 0$

图 5.11　相位调整示意图

器在穿越点 A 与目标航天器 1 交会;但是,服务航天器到达穿越点 B 的时间 t_2 与目标航天器 2 通过穿越点 B 的时间 t_B 不一致,即存在时间差。如果任务要求必须在 t_2 时刻与目标航天器 2 交会,而 $\Delta t = t_2 - t_1$ 较小,不足以完成相位调整。那么,服务航天器只能沿着一条固定时间交会轨道在 Δt 时间内从穿越点 A 机动到穿越点 B,如图 5.12 所示。

图 5.12 中,虚线所示就是固定时间轨道机动的轨迹。

按照该方法,当目标航天器数量增加时,服务航天器就需要进行多次轨道机动。最极端的情况是针对 N 个目标航天器,服务航天器需要进行 $N-1$ 次轨道机动。显然,即使是轨道平面内的机动也会消耗较多的能量,且控制频率较多,必然会增加轨道控制的复杂度。

3. 分离交会弹道方法

该方法主要应用于穿越点不位于交会轨道上的多目标轨道交会任务。这时需

124

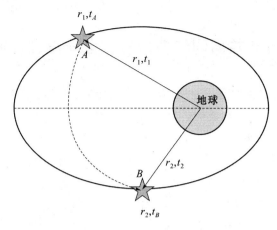

图 5.12　固定时间轨道机动示意图

要从交会轨道上分离出一条交会弹道与那些远离交会轨道的穿越点相交,如图 5.13所示。

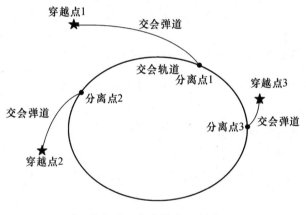

图 5.13　交会弹道示意图

图 5.13 中,分离点位于交会轨道上,连接分离点到穿越点的轨迹称为交会弹道。之所以称之为弹道,是因为该轨迹不封闭,只是从交会轨道上分离出来的一条圆锥曲线的一部分而已。

由于穿越点都是有时间约束的,所以当分离点确定以后,也可以利用朗伯特时间定理来唯一确定交会弹道。显然,针对某一个穿越点,当分离点不同时,交会弹道也会不同。

该方法与固定时间轨道机动方法的不同之处就在于该方法解决的是与不在交会轨道上的穿越点的轨道交会。

5.4 非共面同构多目标交会轨道设计方法

非共面同构多目标轨道交会是指服务航天器与多个轨道类型和轨道高度相同、空间分布均匀的目标航天器的轨道交会。例如,当目标航天器是某个 Walker 星座中的多颗卫星时就属于这种情况,如图 5.14 所示。

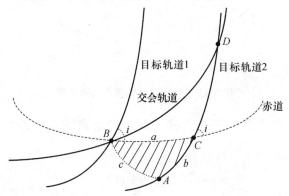

图 5.14　交会轨道与 Walker 星座卫星轨道的空间几何关系

图 5.14 中,目标轨道 1 和目标轨道 2 分别是某个 Walker 星座 N/P/F 的第一和第二轨道平面上的轨道,且 B 点为目标卫星 1 的升交点,C 点为目标轨道 2 的升交点;当第一个轨道平面上的第一颗卫星位于 B 点时,第二个轨道平面上的最后一颗卫星位于 A 点,服务航天器沿着交会轨道从 B 点运动到 D 点,分别在 B 点与目标卫星 1 交会、在 D 点与目标卫星 2 交会。可见,A、B、C 三点构成了一个球面三角形。

设 A、B、C 为该球面三角形的 3 个角,a、b、c 为该球面三角形的 3 个边,则

$$\begin{cases} C = i \\ b = \dfrac{2\pi}{S} - \dfrac{2\pi}{N} \cdot F \\ a = \dfrac{2\pi}{P} \end{cases} \tag{5.11}$$

式中:i 为目标轨道的轨道倾角;N 为 Walker 星座的卫星总数;P 为 Walker 星座的轨道平面数量;S 为 Walker 星座每个轨道平面内的卫星数量;F 为相位因子。

根据球面三角形相邻四元素公式,可得

$$\begin{cases} \tan A = \dfrac{\sin C}{\cot a \cdot \sin b - \cos b \cdot \cos C} \\ \tan B = \dfrac{\sin C}{\cot b \cdot \sin a - \cos a \cdot \cos C} \end{cases} \tag{5.12}$$

126

根据 Walker 星座的性质,两颗目标卫星均运行在圆轨道上,且运动速度相同,所以有

$$\widehat{BD} = \widehat{CD}$$

在球面三角形 ABD 中,有

$$\angle DBA = \angle DAB = \angle A$$

则交会轨道的轨道倾角为

$$i_1 = \angle DBC = \angle A - \angle B$$

如果将服务航天器的相位调整:

$$\Delta f = \frac{2\pi}{S}$$

则就可以与目标卫星所在 Walker 星座中同轨道平面上的相邻目标卫星实施轨道交会。

依此类推,服务航天器的相位每调整 $m\Delta f(1 \leqslant m \leqslant S-1)$,就可与 Walker 星座中其他目标卫星实施轨道交会。因此,服务航天器在其交会轨道平面内相位调整 $S-1$ 次,即可实现与 Walker 星座中 3 个相邻轨道平面上的 $3*S$ 颗目标卫星的轨道交会。如果每次相位调整在一个轨道周期内完成,则完成轨道交会的总时间为

$$T = (S-1) \times T_m + S \times T_m = (2 \times S - 1)T_m \tag{5.13}$$

式中: T_m 为目标卫星的轨道周期。

下面就以星座构型 24/4/1,轨道倾角 55°,轨道高度 20200km 的 Walker 星座为例,设计一条能够与该星座中的 Sat11、Sat26 和 Sat41 三颗目标卫星实施交会的交会轨道。

按照式(5.11),可知

$$C = 55°, a = 90°, b = 45°$$

代入式(5.12),可得

$$A = 116.341°, B = 39.3227°$$

则交会轨道倾角为

$$i_1 = 77.01°$$

综上所述,可得服务航天器的轨道参数,如表5.1所列。

表 5.1 交会轨道设计结果

长半轴/km	偏心率	轨道倾角 /(°)	升交点赤经 /(°)	近地点幅角 /(°)	初始相位/(°)
Re + 20200	0	77.01	与 Sat11 相同	与 Sat11 相同	与 Sat11 相同

Walker 星座中的各颗卫星穿越该交会轨道平面形成 A、B、C、D、E、F 共 6 个穿越点,且这 6 个穿越点彼此间隔 60° 均匀分布在服务航天器所运行的交会轨道上,如图 5.15 所示。

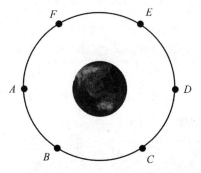

图 5.15　穿越点布局示意图

利用 STK 软件对交会轨道设计结果进行仿真,仿真周期 24h。图 5.16 为服务航天器与星座中相邻 3 个轨道平面内的 3 颗目标卫星的相对距离变化情况。

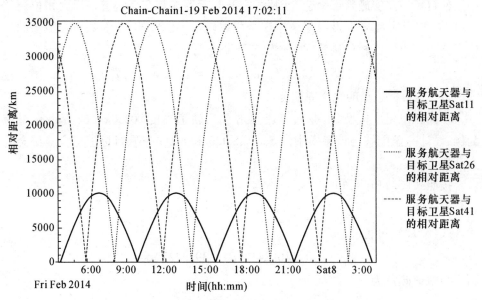

图 5.16　服务航天器与 3 颗目标卫星的相对距离

可见,服务航天器在一个交会轨道周期内与 3 颗目标卫星分别有 2 次交会机会。

如果将服务航天器的相位调整 60°,则就可以与 Sat12、Sat21 和 Sat42 实施精确交会。依此类推,服务航天器的相位每调整 60°,就可以与相邻 3 个轨道平面内的 3 颗目标卫星实施轨道交会。因此,服务航天器在其交会轨道平面内通过 5 次相位调整即可实现与 Walker 星座中 3 个轨道平面上的 18 颗目标卫星的轨道交会。

如果每次相位调整在一个轨道周期内完成,则完成轨道交会的总时间为

$$T = 5 \times T_m + 6 \times T_m = 11T_m$$

式中:T_m 为目标卫星的轨道周期,即 12h。也就是说,在 132h 内服务航天器将完成与该 Walker 星座中 18 颗卫星的轨道交会。

5.5 非共面异构多目标交会轨道设计方法

非共面异构多目标轨道交会是指服务航天器与多个轨道平面、轨道类型、轨道高度等轨道参数均不相同的目标航天器的轨道交会。例如,目标航天器分别运行在非共面的圆轨道和椭圆轨道上。

5.5.1 设计步骤

基于穿越点的非共面多目标交会轨道设计步骤如下:

(1)确定交会轨道平面和穿越点。

已知轨道平面由轨道倾角和升交点赤经共同决定,所以,如果事先确定了交会轨道平面,就可以直接利用目标航天器的轨道确定它们在交会轨道平面上的穿越点;如果没有事先确定交会轨道平面,则还需要优化设计交会轨道的轨道倾角和升交点赤经。

(2)确定穿越点点集。

如果不特别指定重点目标,那么,对于 m 个目标轨道,就会有 $2m$ 个穿越点,则穿越点点集就有 3^m 种可能;而对于每一种可能,交会轨道都存在通过两个穿越点和通过一个穿越点 3 种可能,因此,需要通过搜索法对所有的可能进行搜索。

(3)优化设计交会轨道。

根据穿越点点集和椭圆估计模型,利用最大似然估计方法确定交会轨道的形状,拟合结果为半长轴、偏心率和近地点幅角。

(4)优化设计交会弹道。

针对各穿越点的穿越时刻,设计交会轨道的过近地点时刻,要求服务航天器到达穿越点的时间与目标航天器通过穿越点的时间相同。如果拟合出的交会轨道距离某个穿越点比较远,那么,就需要从交会轨道上延伸出一条通过穿越点的交会弹道,而这条交会弹道的设计则需要依据服务航天器的机动能力以及具体的优化设计目标来完成。通常设计目标可以是时间最优,也可以是修正速度最优,或者是二者的加权综合最优。

5.5.2 交会轨道设计方法

交会轨道设计的实质就是基于目标航天器在交会轨道平面内形成的穿越点拟合一条满足开普勒定律的椭圆形轨道,使得各穿越点到该椭圆轨道的距离之和较小,从而确保服务航天器能够在空间上最大程度地接近目标航天器。至于在时间上的吻合度,还需要通过对服务航天器的初始相位的设计来实现(参见 5.5.4 节)。

假设某交会轨道平面内有 m 个穿越点,它们的位置坐标可以表示为

$$(r_1,\phi_1),(r_2,\phi_2),\cdots,(r_m,\phi_m)$$

设交会轨道的轨道参数为 $(a,e,i,\Omega,\omega,\tau)$,则上述 m 个穿越点的位置坐标也可以表示为

$$(r_1,\omega+f_1),(r_2,\omega+f_2),\cdots,(r_m,\omega+f_m)$$

式中: $\phi=\omega+f$。

如果将角度表示为相对参数,还可以将上述 m 个穿越点的位置坐标表示为

$$(r_1,\omega+f_1),(r_2,\omega+f_1+\Delta f_2),\cdots,(r_m,\omega+f_1+\Delta f_m)$$

式中: $f_n=f_1+\Delta f_n(n=2,\cdots,m)$,如图 5.17 所示。

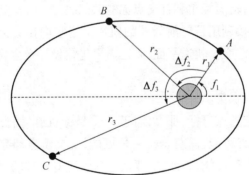

图 5.17　交会轨道平面内穿越点的相对位置关系示意图

如果交会轨道平面确定,穿越点在交会轨道平面上的位置确定,则按照二体运动规律,需要设计的交会轨道参数就剩下 (a,e,ω),且

$$\omega=\phi_1-f_1 \tag{5.14}$$

式中: ϕ_1 为第一个穿越点在交会轨道平面上的升交点幅角; f_1 为第一个穿越点在交会轨道上对应的真近点角。

由于穿越点在位置坐标 $(r_1,\phi_1),(r_2,\phi_2),\cdots,(r_m,\phi_m)$ 是已知的,所以,在交会轨道设计时,令 $\boldsymbol{\xi}=(a,e,f_1)^{\mathrm{T}}$ 为优化设计参数。也就是说,对于 $2m$ 个穿越点而言,均满足如下条件:

$$r_k=f(\boldsymbol{\xi},k)=\frac{a(1-e^2)}{1+e\cos(f_1+\Delta f_k)} \qquad (1\leqslant k\leqslant 2m) \tag{5.15}$$

已知最大似然估计的迭代公式为

$$\xi_{n+1} = \xi_n - (\boldsymbol{\Gamma}^{\mathrm{T}}\boldsymbol{\Gamma})^{-1}\boldsymbol{\Gamma}^{\mathrm{T}}\boldsymbol{v}(\xi_n) \tag{5.16}$$

式中

$$\boldsymbol{\Gamma}(\xi_n) = [\nabla_\xi, \boldsymbol{v}^{\mathrm{T}}(\xi_n)]^{\mathrm{T}} = \begin{bmatrix} -[\nabla_\xi \boldsymbol{f}^{\mathrm{T}}(\boldsymbol{r}_1)]^{\mathrm{T}} \\ \cdots \\ -[\nabla_\xi \boldsymbol{f}^{\mathrm{T}}(\boldsymbol{r}_M)]^{\mathrm{T}} \end{bmatrix}$$

$$\nabla_\xi = \left[\frac{\partial}{\partial a}, \frac{\partial}{\partial e}, \frac{\partial}{\partial f_1}\right]^{\mathrm{T}}$$

$$\nabla_\xi \boldsymbol{f}^{\mathrm{T}}(r_k) = \begin{bmatrix} \dfrac{\partial r_k}{\partial a} \\[2mm] \dfrac{\partial r_k}{\partial e} \\[2mm] \dfrac{\partial r_k}{\partial f_1} \end{bmatrix} = \begin{bmatrix} \dfrac{1-e^2}{1+e\cos(f_1+\Delta f_k)} \\[3mm] \dfrac{a(e^2-1)\cos(f_1+\Delta f_k)}{(1+e\cos(f_1+\Delta f_k))^2} - \dfrac{2ae}{1+e\cos(f_1+\Delta f_k)} \\[3mm] \dfrac{ae(1-e^2)\sin(f_1+\Delta f_k)}{(1+e\cos(f_1+\Delta f_k))^2} \end{bmatrix}$$

$$\boldsymbol{v}(\xi_n) = \begin{bmatrix} [r_1 - f(\xi,1)] \\ \cdots \\ [r_M - f(\xi,M)] \end{bmatrix}_{M\times 1}$$

一般情况下,可近似认为距离地心最近的穿越点为交会轨道的近地点,且交会轨道近似为圆形,即以如下设置为迭代初始条件:

$$a = r_k = \min(r_i)$$

$$e = 10^{-8}$$

$$f_1 = -\Delta f_k$$

注意:在迭代过程中需要满足约束条件

$$\begin{cases} e \geqslant 0 \\ 0 \leqslant f_1 \leqslant 2\pi \end{cases}$$

附录 1 中给出了利用 Matlab 软件优化设计交会轨道的方法。

5.5.3 穿越点点集确定方法

根据穿越点的性质可以看出,穿越点一般会成对出现,且极角相差 180°。也就是说,对于 m 条目标轨道而言,其穿越点应为 $2m$ 个,那么,在进行交会轨道设计时可以使用的穿越点数量 n 满足条件:$m \leqslant n \leqslant 2m$。显然,当穿越点点集的数量 n 不同时,则依据其设计的交会轨道就很可能不相同。

例如,由 3 条目标轨道在交会轨道平面上形成了 6 个穿越点,如表 5.2 所列。

表 5.2　6 个穿越点的位置坐标

穿越点序号	地面高度/m	极坐标角度/(°)
1	1200000.0	30.0
2	1300000.0	120.0
3	1400000.0	200.0
4	1250000.0	250.0
5	1500000.0	180.0
6	1500000.0	0.0

设交会轨道半长轴的迭代精度为 500.0m,偏心率的迭代精度为 1×10^{-8},近地点幅角的迭代精度为 0.01°,则优化设计结果为

$$\boldsymbol{\xi} = (7.72545e+006m,0.00378887,0.109803°)^T$$

如果选择其中前 5 个穿越点,则优化设计结果为

$$\boldsymbol{\xi} = (7.6466e+006m,0.0191879,0.711686°)^T$$

显然,基于上述两种穿越点集设计出的交会轨道是不相同的,如图 5.18 所示。

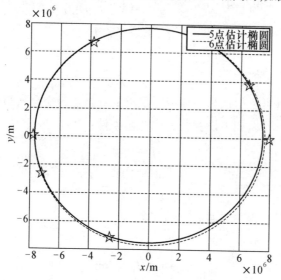

图 5.18　5 个穿越点与 6 个穿越点的设计结果对比

当只有 1 条目标轨道时,有 2 个穿越点 A 和 B,则穿越点点集可以有 3 种选择:
①通过穿越点 A;②通过穿越点 B;③同时通过两个穿越点。依此类推,当有 n 条目标轨道时,就会产生 $2n$ 个穿越点,则穿越点点集就有 3^n 种可能。

当某条目标轨道的两个穿越点都被选中时,就意味着所设计的交会轨道与这两个穿越点都有着较近的接近距离,而与其他穿越点的距离会相对增加。因此,在穿越点点集确定时,建议按照如下原则进行:

(1) 对于重点目标轨道,可以将其两个穿越点都选择到穿越点点集中。

（2）对于一般性目标轨道,可以只选择一个穿越点到穿越点点集中,而其两个穿越点的选择可依据交会轨道与其他穿越点距离最小进行判断。

（3）当目标轨道的重要性相同时,可以每条目标轨道只选择一个穿越点,然后由交会轨道与穿越点点集的距离和最小来决定具体的穿越点点集。

5.5.4　交会弹道设计方法

基于穿越点点集的交会轨道设计只是确定了交会轨道的大小、形状和近地点的指向,只有当近地点时刻 τ 确定后,一条完整的交会轨道才能够最终确定。

对于与单个目标航天器的交会,即只需要选择一个穿越点 $[r_m,f_m]$ 时,交会轨道可以直接通过该穿越点,并通过交会轨道的近地点时刻的设计,使得服务航天器沿着交会轨道通过穿越点时目标航天器也正好通过穿越点。此时,要求

$$\tau = t_m - \frac{E_m - e\sin E_m}{n} \tag{5.17}$$

式中：a 为交会轨道的长半轴；e 为交会轨道的偏心率；$n = \sqrt{\dfrac{\mu}{a^3}}$ 为交会轨道的平均角速度；E_m 为穿越点在交会轨道上的偏近点角,且

$$\tan\frac{E_m}{2} = \sqrt{\frac{1-e}{1+e}}\tan\frac{f_m}{2} \tag{5.18}$$

但是,对于与多个目标航天器交会的情况就要复杂多了。首先,仅一条交会轨道可能无法通过多个穿越点；其次,即使是通过了穿越点也可能不满足穿越时刻的要求。因此,本节将采用上面提出的分离交会弹道的轨道交会控制方法来确定交会轨道的过近地点时间,如图 5.19 所示。

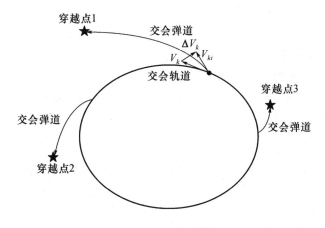

图 5.19　交会弹道示意图

显然,对于每一个穿越点而言,从交会轨道上的任意一点都可以分离出无数条交会弹道,只是每条弹道的分离速度和分离时间不同而已;如果附加上从交会轨道的分离速度约束,可以剔除一些弹道,但是仍然会有多条交会弹道存在。也就是说,在满足能量约束的情况下,从交会轨道上的一个点到一个穿越点之间就存在多条交会弹道,且每条弹道均有各自的分离时刻,即都对应一个近地点时刻。

设交会轨道上的某点 k 表示为 $[r_k, f_k, t_k]$,穿越点 i 表示为 $[r_i, f_i, t_i]$,则从 k 点分离与穿越点 i 实施交会的交会弹道仅与时间差 $\Delta t_k = t_i - t_k$ 有关。利用朗伯特时间定理可以设计出交会弹道,并求出沿该弹道分离所需要的速度增量,即

$$\Delta v_k = v_{ki} - v_k$$

式中:v_k 为交会轨道上 k 点的速度矢量;v_{ki} 为交会弹道上 k 点的速度矢量。

如果 $\Delta v_k \leqslant \Delta V_{max}$,$\Delta V_{max}$ 为服务航天器能够提供的最大分离速度,则这条交会弹道可用,则 t_k 时刻所对应的过近地点时刻 τ_k 为

$$\tau_k = t_k - \frac{E_k - e\sin E_k}{n} \qquad (5.19)$$

式中:E_k 为穿越点 k 在交会轨道上的偏近点角,且

$$\tan \frac{E_k}{2} = \sqrt{\frac{1-e}{1+e}} \tan \frac{f_k}{2} \qquad (5.20)$$

依此类推,在 $0 \leqslant t_k \leqslant T_p$ 范围内寻找出满足上述条件的所有 τ_k,从而构成一个从交会轨道上的 k 点分离能够与穿越点 i 准时交会的所有交会弹道集合 $[\tau_k]$。

因此,对于穿越点 i 而言,交会轨道上的每个点都可能会存在多条满足能量约束的交会弹道,即存在一个过近地点时刻的集合 $[\tau_{ik}]$,而它们将组成一个针对该穿越点 i 的过近地点时刻集合,记为

$$[\tau_i] = [\tau_{i1}] \cup [\tau_{i2}] \cup \cdots \cup [\tau_{in}]$$

式中:n 为交会轨道上的可分离点数量。

可见,对于穿越点集中的每个穿越点都存在一个这样的过近地点时刻集合 $[\tau_i](i = 1, \cdots, m)$,$m$ 为穿越点集中的穿越点数量,而对于这些穿越点都存在的过近地点时刻就是这些集合的交集,即

$$[\tau] = [\tau_1] \cap [\tau_2] \cap \cdots \cap [\tau_m]$$

最后,只要在该集合内选择一个能够最大程度满足任务要求的近地点时刻即可。

相反,如果已知交会轨道的过近地点时刻 τ,也能够求解出一段可分离弧段及其对应的交会弹道。

下面以一个仿真案例说明上述设计方法。设 3 条目标轨道在交会轨道平面内的穿越点点集如表 5.3 所列。

表 5.3　3 条目标轨道及其对应的穿越点

目标轨道	穿越点	地面高度/m	极坐标角度/(°)	穿越时刻/s
1	1	1500000.0	30.0	500
	2	1500000.0	210.0	7500
2	3	1400000.0	200.0	1000
	4	1400000.0	20.0	7400
3	5	1300000.0	180.0	5000
	6	1300000.0	0	12500

优化设计的目标为与 3 个穿越点交会所需要的速度增量之和最小,即目标函数为

$$J = \min \sum_{i=1}^{3} \Delta V_i \mid \Delta V_i \leqslant V_L$$

式中:$V_L = 3000\text{m/s}$ 为每条交会弹道的最大分离速度。

为了最大程度的搜寻可行解,将 6 个穿越点均纳入穿越点点集,并进行交会轨道设计,结果如下:

$$\xi = (7771008.7714, 3.4916e - 017, 4.6824)^{\text{T}}$$

过近地点时刻的优化设计结果如图 5.20 所示。

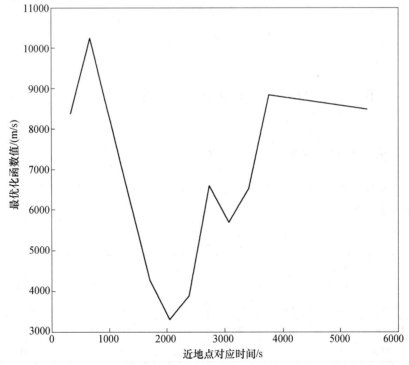

图 5.20　目标函数搜索结果

135

由图5.20可见,最优交会轨道的过近地点时刻为2045.26s,对应该时刻,且与穿越点1交会的交会弹道分离速度修正量为277.732m/s,与穿越点4交会的交会弹道分离速度修正量为965.089m/s,与穿越点6交会的交会弹道分离速度修正量为2058.28m/s,如图5.21所示。

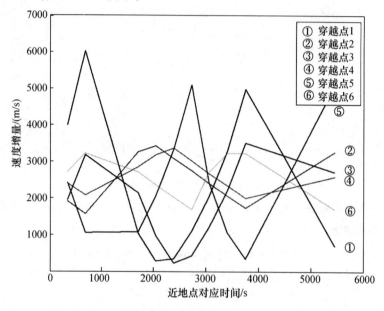

图5.21　速度增量统计图

5.6　仿真分析与方法修正

5.6.1　基于穿越点的轨道交会仿真

假设某服务航天器要与以下3颗卫星进行轨道交会,3颗目标卫星的轨道参数如表5.4所列。

表5.4　3颗目标卫星的轨道数据

序号	名称	近地点 /km	远地点 /km	轨道倾角 /(°)	升交点赤经/(°)	近地点幅角 /(°)	过近地点 时间/s
1	USA161	202	1041	97.8	30	270	0
2	USA186	264	1050	97.9	90	270	1800
3	USA224	200	1000	97.8	150	270	3600

设计要求:与3颗目标卫星的总交会时间在24~26h范围内,时间间隔为2h,

并以总修正速度最小为优化目标。

设交会轨道的升交点赤经为180°,轨道倾角为45°,则3条目标轨道在交会轨道平面上形成的6个穿越点如表5.5所列。

表5.5　目标轨道对应的穿越点

序号	名称	地心距/m	幅角/rad	过穿越点时间/s	目标轨道周期/s
1	USA161	6.76565×10^6	3.91172	878.891	5819.16
2		7.18142×10^6	0.77013	3981.34	5819.16
3	USA186	6.73833×10^6	4.8102	2457.2	5863.53
4		7.29589×10^6	1.6686	5535.93	5863.53
5	USA224	6.78788×10^6	5.66912	4562.67	5792.35
6		7.11597×10^6	2.52753	7651.68	5792.35

首先,基于上述6个穿越点进行交会轨道设计,设计结果为

$$\boldsymbol{\xi} = (6.98556e + 006, 0.041125, 5.50577)^{\mathrm{T}}$$

将其绘制在交会轨道平面内,可得如图5.22所示的椭圆。

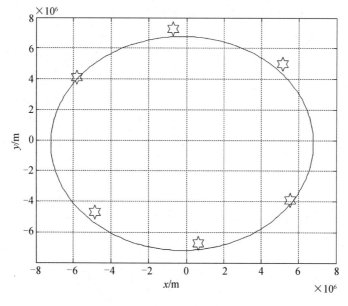

图5.22　目标函数搜索结果

然后,对交会轨道的过近地点时刻进行搜索。随着过近地点时刻的不同,能够沿交会弹道与各穿越点实施交会的可分离弧段也不相同。图5.23是对各穿越点的分离弧段随过近地点时刻的变化关系图。

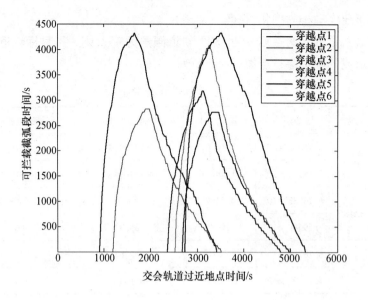

图 5.23   交会轨道过近地点时间与可分离弧段的关系

从图 5.23 中可以看出,并非所有的过近地点时刻都存在分离弧段,而且只有同时覆盖至少 3 个穿越点的解,才能满足同时对 3 个目标航天器进行交会的设计要求。

图 5.24 为存在分离弧段时,在要求的交会时间内对各穿越点进行交会时,需要的最小修正速度变化情况。

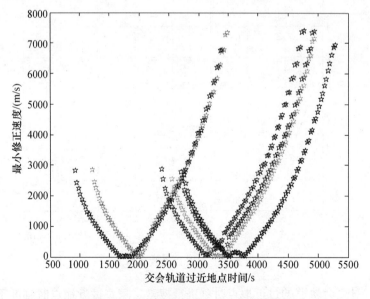

图 5.24   对 6 个穿越点的最小修正速度

从图 5.24 中可以看出，当对应一条目标轨道有较好的拦截轨道时，对其他两条目标轨道的拦截情况往往比较差，因此需要综合考虑整体的拦截情况。图 5.25 为对 6 个穿越点均存在交会弹道可行解时，总修正速度的变化情况。

从图 5.25 中可以看出，满足条件的解的范围比较小，主要集中在 2700～3500s 之间，同时总修正速度也比较大。

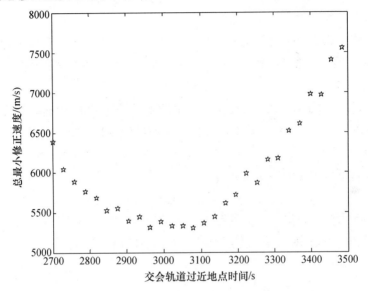

图 5.25　总修正速度与过近地点时间的关系

综合考虑各种因素，确定最优交会轨道所对应的过近地点时刻为 3079.56s，交会弹道的最优解见表 5.6。

表 5.6　交会弹道的最优解

对应穿越点		穿越点 2	穿越点 3	穿越点 5
交会弹道参数	半长轴(m)	9.86376×10^6	6.99999×10^6	6.86998×10^6
	飞行时间(s)	1688.78	2870.2	2827.85
	地心角(rad)	3.13035	3.05491	2.80862
	变轨点速度(m/s)	8791.56	7264.4	7422.62
	变轨点速度倾角(rad)	0.480838	0.00818902	0.0798481
	修正速度(m/s)	4281.89	123.884	896.448
	变轨点地心距(m)	6.77304×10^6	7.26614×10^6	7.04765×10^6
	目标点地心距(m)	7.18142×10^6	6.73833×10^6	6.78788×10^6
分离时刻(s)		89580	87540	88620

5.6.2 基于穿越点的轨道交会方法修正

从上节中的仿真结果可以看出,基于穿越点直接进行交会轨道设计时,虽然交会轨道距离各穿越点较近,但是需要的修正速度比较大。分析其原因是:

(1) 交会轨道的周期与目标轨道的周期比较接近。

(2) 交会时间范围较小。

因此,本节提出对交会轨道的半长轴进行修正,从而增大交会轨道周期与目标轨道周期的差距,并适当增加交会时间范围,这样就可以增加交会轨道上可分离弧段的范围。

下面针对上一节中的例子,将交会轨道的半长轴增大300km,并将交会时间范围增加至10h,仿真与3颗目标卫星实施交会的最优设计结果。

设交会轨道的升交点赤经为180°,轨道倾角为45°,并对交会轨道的半长轴增加300km,修正后的交会轨道参数为

$$\xi = (7.28556e + 006, 0.041125, 5.50577)^{\mathrm{T}}$$

图5.26为交会轨道上对应各穿越点的可分离弧段。可见,与半长轴不修正的情况基本类似,但是,对应单个穿越点的可分离时间增加了。

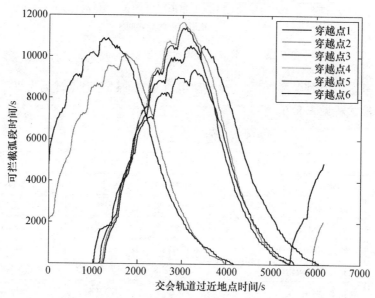

图5.26　半长轴增加300km交会时间范围为10h的交会轨道的可分离弧段

图5.27是当存在可分离弧段时,在要求的交会时间内对通过每个穿越点的目标航天器进行交会时需要的最小修正速度。从图中可以看出,形状与半长轴修正前基本类似。

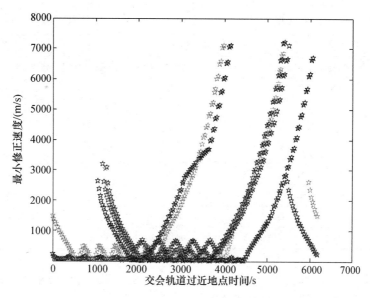

图 5.27　半长轴增加 300km 攻击时间范围为 10h 攻击轨道的最小修正速度

图 5.28 是与所有目标实施交会时,总修正速度的变化情况。从图中可以看出,满足条件的解的范围变化较大,主要集中在 1200 ~ 4000s 之间;同时,与交会时间范围 2h 相比,解的范围增加较多,总修正速度也相对降低了很多。

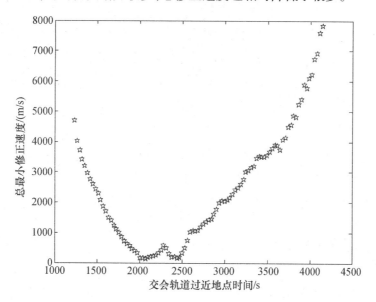

图 5.28　半长轴增加 300km 攻击时间范围为 10h 攻击轨道的总修正速度

综合上述仿真结果,确定最优交会轨道的过近地点时刻为 2073.24s,最优交会弹道见表 5.7。

表 5.7　半长轴增加 300km 交会时间范围为 10h 的最优交会弹道

对应穿越点		穿越点 1	穿越点 2	穿越点 3
交会弹道参数	半长轴(m)	7.2216×10^6	7.14064×10^6	7.28886×10^6
	飞行时间(s)	1747.95	2806.61	2358.58
	地心角(rad)	1.88574	2.88844	2.53695
	变轨点速度(m/s)	7642.86	7614.57	7406.67
	变轨点速度倾角(rad)	0.0136209	0.0143401	0.0398347
	修正速度(m/s)	47.5991	72.5752	9.67316
	变轨点地心距(m)	7.01707×10^6	7.00509×10^6	7.27738×10^6
	目标点地心距(m)	7.18142×10^6	7.29589×10^6	7.11597×10^6
分离时刻(s)		95340	120000	121140

表 5.8 为在交会时间范围分别为 2h 和 10h 的约束下,且修正半长轴分别为 100km 和 300km 的情况下的设计结果。

表 5.8　增大交会时间与修正半长轴的设计结果对比表

交会时间范围/h	交会轨道半长轴增加值/km	总修正速度/(m/s)	总交会时间/s	交会的穿越点编号
2h	0	5.3022×10^3	7.3868×10^3	2,3,5
	100	4.9143×10^3	7.4769×10^3	1,3,6
	300	4.1431×10^3	5.4721×10^3	1,4,6
10h	0	4.8273×10^3	7.4411×10^3	1,3,5
	100	2.8489×10^3	7.8552×10^3	2,3,6
	300	129.8475	6.9131×10^3	2,4,6

从表中可以看出,针对低轨的 3 颗非共面目标卫星,最优交会方案是:在 10h 的交会时间范围约束下,将交会轨道的半长轴增加 300km。此时,与 3 个目标航天器交会所需要的总修正速度约为 129.85m/s,而对 3 个目标航天器的总交会时间累计为 6913s。

另外,从表中也可以发现:在 2h 的交会时间约束下,通过增加交会轨道的半长轴,总中制导修正速度会有小幅下降,但是,总拦截时间变化无明显规律,并且对应的交会穿越点也不相同;然而,当交会时间范围增加到 10h 以后,随着交会轨道半长轴修正值的增加,总中制导修正速度明显下降,但是,总拦截时间变化不明显,并且对应的交会穿越点也不相同。

5.7 小　结

本章所提出的穿越点的概念对于解决非共面多目标轨道交会问题非常有效。基于穿越点的轨道交会方法将空间非共面轨道交会问题成功地转换成共面轨道交会问题,并且对交会目标航天器的轨道平面位置和数量不做任何限制,是真正意义上的"一对多"轨道交会模式。也就是说,一个服务航天器可以与多个不在一个轨道平面内的目标航天器进行轨道交会,并且无需进行轨道平面的改变,大大降低了多目标交会的成本,提高了轨道交会效率,具有广阔的应用价值。

根据多个目标航天器的不同轨道构型,本章分别给出了非共面同构多目标轨道交会方法和非共面异构多目标轨道交会方法。这两种方法都是利用目标航天器在交会轨道平面上的穿越点来实现多目标交会的。其中,针对与 Walker 星座中的多颗卫星进行轨道交会的问题给出了具体的交会轨道设计方法。对于非共面异构多目标的轨道交会问题,首先给出了交会轨道的设计步骤,然后给出了交会轨道和交会弹道的设计方法;最后,通过典型案例仿真分析,提出了增大交会轨道长半轴和增大交会时间范围的基于穿越点的非共面多目标轨道交会修正方法。通过交会轨道修正可以有效降低对分离速度的需求,使得该方法更具实用性。

第6章　主动接近轨道理论与设计方法

随着空间分辨率、通信容量等性能指标的不断提升,航天器的质量越来越大,相应的制造和发射费用也越来越昂贵,针对在轨航天器的在轨服务已经提上日程。此外,由于人类航天活动的不断增多,而在近地轨道上90%以上为失效或失控的空间碎片,严重影响到在轨航天器的安全。因此,针对在轨合作或非合作目标的快速或慢速接近已经成为实施在轨服务、空间碎片清除等空间任务的前提和基础。

6.1　主动接近轨道的概念

美国国家航空航天局(NASA)在其卫星在轨服务报告①中,将进行在轨服务研究时所需考虑的关键要素分为服务类型、执行主体、交会对接、位置、时延、目标设计和目标姿态七大类(图6.1)。其中,交会对接描述了服务航天器如何接近用户航天器,而用户航天器可以是合作目标,也可以是非合作目标。

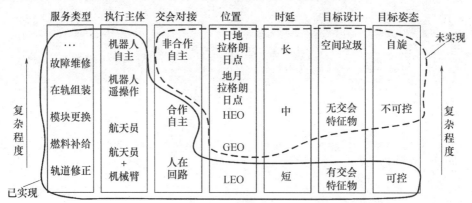

图6.1　在轨服务的研究范围

主动接近是指服务航天器通过轨道和姿态控制,按照任务要求主动完成对目标航天器的接近,以实现交互对接、空间目标监视、在轨服务等空间任务。本节所

---

① NAS A Goddard Space Flight Center. On – Orbit Satellite Servicing Study Project Report[EB/OL]. http://servicingstudy. gsfc. nasa. gov/, 2011 – 10.

研究的主动接近过程分为目标接近段和最终逼近段,其对应的轨道也分为接近轨道和最终接近轨道。在主动接近过程中的两个航天器分别称为接近航天器和目标航天器。

接近轨道包括调相轨道和远距离接近轨道,调相轨道用于减小接近航天器和目标航天器之间的轨道相位角;调相结束后,接近航天器已经非常接近目标轨道,可以进行远距离交会操作了,远距离接近轨道将接近航天器转移至距目标航天器非常近的第一个目标点,也称为"寻的",其主要目的就是进一步减小轨道偏差。

最终逼近轨道用于进一步减小接近航天器与目标航天器之间的相对距离,进而达到最终的服务条件。注意,在最终逼近段需要考虑目标航天器的非质心相对运动,这不仅取决于航天器质心之间的相对位置,还与航天器之间的相对姿态变化有关。

6.2　接近轨道设计

6.2.1　调相轨道

调相轨道能够将主动接近航天器机动到目标航天器附近,并到达目标点。假设接近航天器与目标航天器位于同一轨道的不同相位上,如图 6.2 所示。

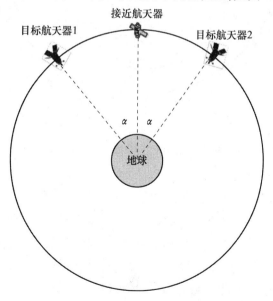

图 6.2　接近航天器与目标航天器的初始相位

可见,目标航天器相对接近航天器有两种不同的相对位置关系,下面就针对

图 6.2 中目标航天器所处的不同相位进行分析。

第一种情况:接近航天器位于目标航天器的前方(以运动方向为前),称为存在前置角,此时定义相位差 α 为正,即 $\alpha > 0°$。

采用调相椭圆轨道来消除两个航天器之间的相位差,即将接近航天器机动到一条调相椭圆轨道上,该椭圆轨道的近地点为初始变轨点,远地点的地心距大于初始圆轨道的轨道半径 R,设 $dh = r_a - R > 0$ 为调相椭圆轨道的远地点与初始圆轨道之间的高度差。当接近航天器在调相轨道上运行一圈以后回到近地点时,目标航天器也正好沿初始圆轨道运行了 $2\pi + \alpha$,此时再对接近航天器施加一次冲量,使得接近航天器回到初始圆轨道上运行即可,如图 6.3 所示。

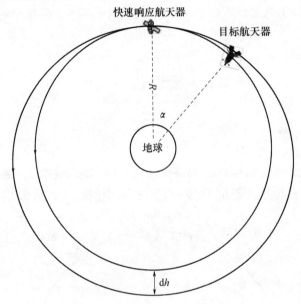

图 6.3　消除前置角的调相椭圆轨道

第二种情况:接近航天器位于目标航天器的后方,称为存在后置角,此时定义相位差 α 为负,即 $\alpha < 0°$。

首先将接近航天器机动到一条调相椭圆轨道上,该椭圆轨道的远地点为初始变轨点,近地点的地心距小于初始圆轨道的轨道半径 R,设 $dh = r_p - R < 0$ 为调相椭圆轨道的近地点与初始圆轨道之间的高度差。当接近航天器在调相轨道上运行一圈以后回到远地点时,目标航天器也正好沿初始圆轨道运行了 $2\pi + \alpha$,此时再对接近航天器施加一次冲量,使得接近航天器回到初始圆轨道上运行即可,如图 6.4 所示。

按照上述相位调整方法,接近航天器在调相椭圆轨道上运行一圈后即可消除与目标航天器之间的相位差,则相位调整需要的时间正好是调相椭圆轨道的轨道

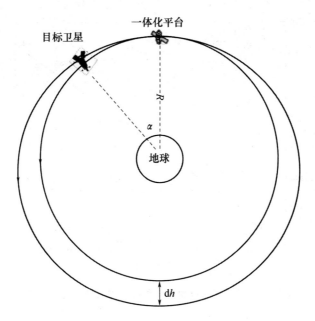

图6.4　消除后置角的调相椭圆轨道

周期,即

$$t = 2\pi \sqrt{\frac{a^3}{\mu}} \tag{6.1}$$

式中:a 为调相椭圆轨道的长半轴,即 $a = R + \dfrac{\mathrm{d}h}{2}$,且

$$t \cdot n = \alpha + 2\pi \tag{6.2}$$

式中:n 为目标航天器在初始圆轨道上的运行角速度,即 $n = \sqrt{\dfrac{\mu}{R^3}}$。

联立式(6.1)和式(6.2),可得

$$\mathrm{d}h = 2R \cdot \left(1 + \frac{\alpha}{2\pi}\right)^{\frac{2}{3}} - 2R \tag{6.3}$$

需要提供的总速度增量为

$$\Delta V = 2 \cdot \left(\sqrt{\mu\left(\frac{2}{R} - \frac{2}{2R + \mathrm{d}h}\right)} - \sqrt{\frac{\mu}{R}} \right) \tag{6.4}$$

假设接近航天器和目标航天器都位于地球静止轨道上,则消除大小相同的前置角和后置角所需要的速度增量和完成任务需要的响应时间如图6.5所示。

可见,当前置角和后置角的大小相同时,消除前置角所需要的速度增量和调整时间均大于消除后置角所需要的速度增量和调整时间。

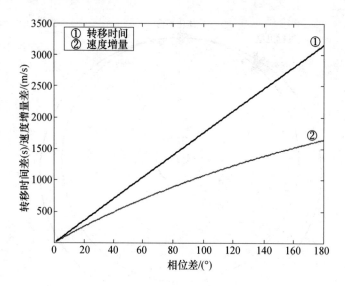

图 6.5　消除大小相同的前置角和后置角时所需的调相时间和速度增量之差

6.2.2　近距离接近轨道

当接近航天器与目标航天器接近到一定程度后,二者之间的相对运动可用状态方程来描述,即

$$\begin{bmatrix} \boldsymbol{r} \\ \boldsymbol{v} \end{bmatrix} = \begin{bmatrix} \boldsymbol{\varPhi}_{rr} & \boldsymbol{\varPhi}_{rv} \\ \boldsymbol{\varPhi}_{vr} & \boldsymbol{\varPhi}_{vv} \end{bmatrix} \begin{bmatrix} \boldsymbol{r}_0 \\ \boldsymbol{v}_0 \end{bmatrix} \tag{6.5}$$

其中,相关参数的定义可参见 4.2.4 节。

若给定初始状态量 $\boldsymbol{r}_0$、$\boldsymbol{v}_{0-}$ 和终状态量 $\boldsymbol{r}_1$、$\boldsymbol{v}_{1+}$,则首先在初始点 $\boldsymbol{r}_1$ 施加冲量 $\Delta\boldsymbol{v}_1$,经过时间 T 后到达位置 $\boldsymbol{r}_1$ 时,再在 $\boldsymbol{r}_1$ 处施加第二次冲量 $\Delta\boldsymbol{v}_2$ 消除终端速度偏差。具体求解过程如下:

$$\begin{bmatrix} \boldsymbol{r}_1 \\ \boldsymbol{v}_{1-} \end{bmatrix} = \begin{bmatrix} \boldsymbol{r}_1 \\ \boldsymbol{v}_{1+} - \Delta\boldsymbol{v}_2 \end{bmatrix} = \begin{bmatrix} \boldsymbol{\varPhi}_{rr} & \boldsymbol{\varPhi}_{rv} \\ \boldsymbol{\varPhi}_{vr} & \boldsymbol{\varPhi}_{vv} \end{bmatrix} \begin{bmatrix} \boldsymbol{r}_0 \\ \boldsymbol{v}_{0-} + \Delta\boldsymbol{v}_1 \end{bmatrix} \tag{6.6}$$

求解上述方程,可得

$$\begin{cases} \Delta\boldsymbol{v}_1 = \boldsymbol{\varPhi}_{rv}^{-1}(\boldsymbol{r}_1 - \boldsymbol{\varPhi}_{rr}\boldsymbol{r}_0) - \boldsymbol{v}_0 \\ \Delta\boldsymbol{v}_2 = \boldsymbol{v}_{1+} - \boldsymbol{\varPhi}_{vr}\boldsymbol{r}_0 - \boldsymbol{\varPhi}_{vv}\boldsymbol{v}_{0+} \end{cases} \tag{6.7}$$

由 C - W 方程计算出的 $\Delta\boldsymbol{v}_1$ 即为目标航天器相对运动坐标系中的速度增量,将其坐标变换到 J2000 坐标系中就是 J2000 坐标系中需要的速度增量,即

$$\Delta\boldsymbol{v} = \boldsymbol{M}_{\text{J2000}r}\Delta\boldsymbol{v}_1 \tag{6.8}$$

设目标航天器在地心惯性坐标系的运行状态为 $(\boldsymbol{X}_e, \boldsymbol{V}_e)$,轨道面法向方向为

148

$H_e = X_e \times V_e$,根据目标航天器相对运动坐标系的定义可以得到转换矩阵 $M_{\text{J2000}r}$。

$$M_{\text{J2000}r} = \begin{bmatrix} (X_e \times H_e)_x^0 & X_{ex}^0 & H_{ex}^0 \\ (X_e \times H_e)_y^0 & X_{ey}^0 & H_{ey}^0 \\ (X_e \times H_e)_z^0 & X_{ez}^0 & H_{ez}^0 \end{bmatrix} \tag{6.9}$$

由于接近航天器和目标航天器的地球引力差异,使得理论推力方向和速度增量方向存在一个小的夹角,如图 6.6 所示。

可见,需要利用推力来消除引力偏差在速度增量垂直方向上的分量,即

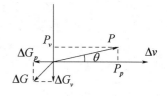

图 6.6　推力方向示意图

$$\begin{cases} \Delta G = \Delta G_{\text{ORS}} - \Delta G_{\text{Target}} \\ \Delta G_p = \Delta G \times \Delta v^0 \\ \Delta G_v = \Delta G - \Delta G_p \\ P_v = -\Delta G_v \\ \theta = \arcsin\left(\dfrac{P_v}{P}\right) \end{cases} \tag{6.10}$$

则在速度增量方向的合力为

$$F = P\cos\theta - \Delta G_p \tag{6.11}$$

已知变质量速度增量计算公式为

$$\Delta v = I_{sp}\ln \frac{m}{m - \dot{m}\Delta t} \tag{6.12}$$

则获得推力的持续时间为

$$\Delta t = \frac{m}{\dot{m}}\left(1 - \frac{1}{\mathrm{e}^{\Delta v / I_{sp}}}\right) \tag{6.13}$$

式中:I_{sp} 为发动机冲量。

6.3　相对位姿动力学模型

假设接近航天器与目标航天器均为刚体,且最终逼近段两者之间的相对位置关系如图 6.7 所示。

图中,各符号的定义分别为:

$x_0 y_0 z_0 - \text{CM}_0$ 系表示与目标航天器固连的本体坐标系,$x_1 y_1 z_1 - \text{CM}_1$ 表示与接

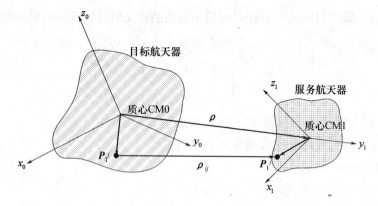

图 6.7 接近航天器与目标航天器的相对位置关系

近航天器固连的本体坐标系,但是,这两个坐标系的 3 个坐标轴不要求与相应的三惯量主轴重合;

P_0^j 表示目标航天器上的某一点在 $x_0 y_0 z_0 - \mathrm{CM}_0$ 系中的位置矢量,假设 P_0^j 为目标航天器上最适合接近航天器进行抓捕的某一抓捕点,同时也是接近航天器对目标航天器进行探测时的探测点;

P_1^i 表示接近航天器上某一点在 $x_1 y_1 z_1 - \mathrm{CM}_1$ 系中的位置矢量,假设 P_1^i 为接近航天器机械臂的前端,且安装有探测器;

$\boldsymbol{\rho}$ 表示接近航天器质心相对于 $x_0 y_0 z_0 - \mathrm{CM}_0$ 系的位置矢量;

$\boldsymbol{\rho}_{ij}$ 表示接近航天器上的 P_1^i 相对于目标航天器上的 P_0^j 的位置矢量。

假设目标航天器以一定的角速度自旋,则针对姿态无控型目标的最终逼近,还需要接近航天器保持对目标航天器的姿态跟踪,并使 $\boldsymbol{\rho}_{ij}$ 不断减小直至为零。由图 6.2 可以看出,$\boldsymbol{\rho}_{ij}$ 不仅与 $\boldsymbol{\rho}$ 相关,还与两航天器之间的相对姿态相关。因此,需要对这种情况下的相对姿态运动和相对位置运动进行分析。

6.3.1 相对姿态动力学模型

假设目标航天器的角速度为 $\boldsymbol{\omega}_0$,接近航天器的角速度为 $\boldsymbol{\omega}_1$,则接近航天器与目标航天器的相对角速度为

$$\boldsymbol{\omega} = \boldsymbol{\omega}_1 - \boldsymbol{\omega}_0 \tag{6.14}$$

在惯性系中,上式的微分形式为

$$\frac{\mathrm{d}^{\mathrm{ECI}} \boldsymbol{\omega}}{\mathrm{d}t} = \frac{\mathrm{d}^{\mathrm{ECI}} \boldsymbol{\omega}_1}{\mathrm{d}t} - \frac{\mathrm{d}^{\mathrm{ECI}} \boldsymbol{\omega}_0}{\mathrm{d}t} \tag{6.15}$$

将上式表示在目标本体坐标系中就是

$$\left(\frac{\mathrm{d}^{\mathrm{ECI}} \boldsymbol{\omega}}{\mathrm{d}t} \right)_0 = \boldsymbol{D} \left(\frac{\mathrm{d}\boldsymbol{\omega}_1}{\mathrm{d}t} \right)_1 - \left(\frac{\mathrm{d}\boldsymbol{\omega}_0}{\mathrm{d}t} \right)_0 \tag{6.16}$$

式中：D 为接近航天器本体坐标系到目标本体坐标系的坐标转换矩阵。

又因为在惯性系中观察到的 $\boldsymbol{\omega}$ 的变化率等于目标本体坐标系中 $\boldsymbol{\omega}$ 的变化率再加上矢量积 $\boldsymbol{\omega}_0 \times \boldsymbol{\omega}$，即

$$\frac{\mathrm{d}^{\mathrm{ECI}}\boldsymbol{\omega}}{\mathrm{d}t} = \frac{\mathrm{d}\boldsymbol{\omega}}{\mathrm{d}t} + \boldsymbol{\omega}_0 \times \boldsymbol{\omega} \tag{6.17}$$

将式(6.16)代入到式(6.17)中，可得

$$\frac{\mathrm{d}\boldsymbol{\omega}}{\mathrm{d}t} = \boldsymbol{D}\left(\frac{\mathrm{d}\boldsymbol{\omega}_1}{\mathrm{d}t}\right)_1 - \left(\frac{\mathrm{d}\boldsymbol{\omega}_0}{\mathrm{d}t}\right)_0 - \boldsymbol{\omega}_0 \times \boldsymbol{\omega} \tag{6.18}$$

已知航天器在其体坐标系下的姿态动力学方程为

$$\dot{\boldsymbol{\omega}} = -\boldsymbol{I}^{-1}[\boldsymbol{\omega} \times (\boldsymbol{I}\boldsymbol{\omega})] + \boldsymbol{I}^{-1}(\boldsymbol{T} + \boldsymbol{T}_d) \tag{6.19}$$

式中：$\boldsymbol{I}$ 为航天器的转动惯量矩阵；$\boldsymbol{T}$ 为航天器的控制力矩；$\boldsymbol{T}_d$ 为航天器所受的干扰力矩。

因此，目标航天器和接近航天器在各自体坐标系中的姿态动力学方程分别表示为

$$\left(\frac{\mathrm{d}\boldsymbol{\omega}_0}{\mathrm{d}t}\right)_0 = -\boldsymbol{I}_0^{-1}[\boldsymbol{\omega}_0 \times (\boldsymbol{I}_0\boldsymbol{\omega}_0)] + \boldsymbol{I}_0^{-1}\boldsymbol{T}_0 \tag{6.20}$$

$$\left(\frac{\mathrm{d}\boldsymbol{\omega}_1}{\mathrm{d}t}\right)_1 = -\boldsymbol{I}_1^{-1}[\boldsymbol{\omega}_1 \times (\boldsymbol{I}_1\boldsymbol{\omega}_1)] + \boldsymbol{I}_1^{-1}\boldsymbol{T}_1 \tag{6.21}$$

将式(6.15)、式(6.21)代入式(6.18)可得

$$\frac{\mathrm{d}\boldsymbol{\omega}}{\mathrm{d}t} = \boldsymbol{D}\boldsymbol{I}_1^{-1}[\boldsymbol{T}_1 - \boldsymbol{\omega}_1 \times (\boldsymbol{I}_1\boldsymbol{\omega}_1)] - \boldsymbol{I}_0^{-1}[\boldsymbol{T}_0 - \boldsymbol{\omega}_0 \times (\boldsymbol{I}_0\boldsymbol{\omega}_0)] - \boldsymbol{\omega}_0 \times \boldsymbol{\omega} \tag{6.22}$$

因此，表示在目标本体坐标系中的相对姿态动力学方程为

$$\frac{\mathrm{d}\boldsymbol{\omega}}{\mathrm{d}t} = \boldsymbol{D}\boldsymbol{I}_1^{-1}[\boldsymbol{T}_1 - \boldsymbol{D}^{\mathrm{T}}(\boldsymbol{\omega}_0 + \boldsymbol{\omega}) \times \boldsymbol{I}_1\boldsymbol{D}^{\mathrm{T}}(\boldsymbol{\omega}_0 + \boldsymbol{\omega})] -$$
$$\boldsymbol{I}_0^{-1}[\boldsymbol{T}_0 - \boldsymbol{\omega}_0 \times (\boldsymbol{I}_0\boldsymbol{\omega}_0)] - \boldsymbol{\omega}_0 \times \boldsymbol{\omega} \tag{6.23}$$

6.3.2 相对位置动力学模型

由图6.7可知，在目标本体坐标系中，$\boldsymbol{\rho}$、$\boldsymbol{\rho}_{ij}$、$\boldsymbol{P}_0^j$、$\boldsymbol{P}_1^i$ 的关系为

$$\begin{cases} \boldsymbol{P}_0^j + \boldsymbol{\rho}_{ij} = \boldsymbol{\rho} + \boldsymbol{P}_1^i \\ \dot{\boldsymbol{P}}_0^j + \dot{\boldsymbol{\rho}}_{ij} = \dot{\boldsymbol{\rho}} + \dot{\boldsymbol{P}}_1^i \\ \ddot{\boldsymbol{P}}_0^j + \ddot{\boldsymbol{\rho}}_{ij} = \ddot{\boldsymbol{\rho}} + \ddot{\boldsymbol{P}}_1^i \end{cases} \tag{6.24}$$

同时有

$$\begin{cases} \dot{\boldsymbol{P}}_0^j = 0 \\ \ddot{\boldsymbol{P}}_0^j = 0 \\ \dot{\boldsymbol{P}}_1^i = \boldsymbol{\omega} \times \boldsymbol{P}_1^i \\ \ddot{\boldsymbol{P}}_1^i = \dot{\boldsymbol{\omega}} \times \boldsymbol{P}_1^i + \boldsymbol{\omega} \times (\boldsymbol{\omega} \times \boldsymbol{P}_1^i) \end{cases} \tag{6.25}$$

因此,式(6.24)可以化为

$$\begin{cases} \boldsymbol{\rho}_{ij} = \boldsymbol{\rho} + \boldsymbol{P}_1^i - \boldsymbol{P}_0^j \\ \dot{\boldsymbol{\rho}}_{ij} = \dot{\boldsymbol{\rho}} + \dot{\boldsymbol{P}}_1^i - \dot{\boldsymbol{P}}_0^j = \dot{\boldsymbol{\rho}} + \boldsymbol{\omega} \times \boldsymbol{P}_1^i \\ \ddot{\boldsymbol{\rho}}_{ij} = \ddot{\boldsymbol{\rho}} + \ddot{\boldsymbol{P}}_1^i - \ddot{\boldsymbol{P}}_0^j = \ddot{\boldsymbol{\rho}} + \dot{\boldsymbol{\omega}} \times \boldsymbol{P}_1^i + \boldsymbol{\omega} \times (\boldsymbol{\omega} \times \boldsymbol{P}_1^i) \end{cases} \tag{6.26}$$

假设目标本体坐标系相对于目标轨道坐标系的旋转角速度近似为 $\boldsymbol{\omega}_0$,且目标轨道坐标系至目标本体坐标系的转换矩阵为 $\boldsymbol{H}$,则

$$\begin{cases} \boldsymbol{H}^{\text{TOF}} \boldsymbol{\rho} = \boldsymbol{\rho} \\ \boldsymbol{H}^{\text{TOF}} \dot{\boldsymbol{\rho}} = \dot{\boldsymbol{\rho}} + \boldsymbol{\omega}_0 \times \boldsymbol{\rho} \\ \boldsymbol{H}^{\text{TOF}} \ddot{\boldsymbol{\rho}} = \ddot{\boldsymbol{\rho}} + \dot{\boldsymbol{\omega}}_0 \times \boldsymbol{\rho} + 2\boldsymbol{\omega}_0 \times \dot{\boldsymbol{\rho}} + \boldsymbol{\omega}_0 \times (\boldsymbol{\omega}_0 \times \boldsymbol{\rho}) \end{cases} \tag{6.27}$$

根据式(6.26)及式(6.27)可得

$$\begin{cases} \dot{\boldsymbol{\rho}}_{ij} = \boldsymbol{H}^{\text{TOF}} \dot{\boldsymbol{\rho}} - \boldsymbol{\omega}_0 \times \boldsymbol{\rho} + \boldsymbol{\omega} \times \boldsymbol{P}_1^i \\ \ddot{\boldsymbol{\rho}}_{ij} = \boldsymbol{H}^{\text{TOF}} \ddot{\boldsymbol{\rho}} - \dot{\boldsymbol{\omega}}_0 \times \boldsymbol{\rho} - 2\boldsymbol{\omega}_0 \times \dot{\boldsymbol{\rho}} - \boldsymbol{\omega}_0 \times (\boldsymbol{\omega}_0 \times \boldsymbol{\rho}) + \dot{\boldsymbol{\omega}} \times \boldsymbol{P}_1^i + \boldsymbol{\omega} \times (\boldsymbol{\omega} \times \boldsymbol{P}_1^i) \end{cases} \tag{6.28}$$

写成状态矩阵的形式为

$$\begin{bmatrix} \dot{\boldsymbol{\rho}}_{ij} \\ \ddot{\boldsymbol{\rho}}_{ij} \end{bmatrix} = \begin{bmatrix} \boldsymbol{H} & \boldsymbol{0} \\ \boldsymbol{0} & \boldsymbol{H} \end{bmatrix} \begin{bmatrix} ^{\text{TOF}} \boldsymbol{\rho}_{ij} \\ ^{\text{TOF}} \dot{\boldsymbol{\rho}}_{ij} \end{bmatrix} +$$

$$\begin{bmatrix} -\boldsymbol{\omega}_0 \times \boldsymbol{\rho} + \boldsymbol{\omega} \times \boldsymbol{P}_1^i \\ -\dot{\boldsymbol{\omega}}_0 \times \boldsymbol{\rho} - 2\boldsymbol{\omega}_0 \times \dot{\boldsymbol{\rho}} - \boldsymbol{\omega}_0 \times (\boldsymbol{\omega}_0 \times \boldsymbol{\rho}) + \dot{\boldsymbol{\omega}} \times \boldsymbol{P}_1^i + \boldsymbol{\omega} \times (\boldsymbol{\omega} \times \boldsymbol{P}_1^i) \end{bmatrix} \tag{6.29}$$

已知 C – W 状态方程为

$$\dot{\boldsymbol{X}} = \boldsymbol{A}\boldsymbol{X} + \boldsymbol{B}\boldsymbol{u} \tag{6.30}$$

其转换矩阵 $\boldsymbol{A}$ 为

$$A = \begin{bmatrix} 0 & 0 & 0 & 1 & 0 & 0 \\ 0 & 0 & 0 & 0 & 1 & 0 \\ 0 & 0 & 0 & 0 & 0 & 1 \\ 0 & 0 & 0 & 0 & 0 & 2n \\ 0 & n^2 & 0 & 0 & 0 & 0 \\ 0 & 0 & 3n^2 & -2n & 0 & 0 \end{bmatrix} = \begin{bmatrix} \mathbf{0} & \mathbf{I} \\ \mathbf{A}_{21} & \mathbf{A}_{22} \end{bmatrix} \tag{6.31}$$

输入矩阵 $\boldsymbol{B}$ 为

$$\boldsymbol{B} = \begin{bmatrix} 0 & 0 & 0 \\ 0 & 0 & 0 \\ 0 & 0 & 0 \\ 1 & 0 & 0 \\ 0 & 1 & 0 \\ 0 & 0 & 1 \end{bmatrix} = \begin{bmatrix} \mathbf{0} \\ \mathbf{I} \end{bmatrix} \tag{6.32}$$

则在目标轨道坐标系中,有

$$\begin{bmatrix} {}^{\mathrm{TOF}}\dot{\boldsymbol{\rho}}_{ij} \\ {}^{\mathrm{TOF}}\ddot{\boldsymbol{\rho}}_{ij} \end{bmatrix} = \boldsymbol{A} \begin{bmatrix} {}^{\mathrm{TOF}}\boldsymbol{\rho}_{ij} \\ {}^{\mathrm{TOF}}\dot{\boldsymbol{\rho}}_{ij} \end{bmatrix} + \begin{bmatrix} \mathbf{0} \\ {}^{\mathrm{TOF}}\boldsymbol{\gamma} \end{bmatrix} \tag{6.33}$$

将式(6.33)代入式(6.29)得

$$\begin{bmatrix} \dot{\boldsymbol{\rho}}_{ij} \\ \ddot{\boldsymbol{\rho}}_{ij} \end{bmatrix} = \boldsymbol{S}_1 + \boldsymbol{S}_2 + \boldsymbol{S}_3 \tag{6.34}$$

其中

$$\begin{cases} \boldsymbol{S}_1 = \begin{bmatrix} \boldsymbol{H} & \mathbf{0} \\ \mathbf{0} & \boldsymbol{H} \end{bmatrix} \begin{bmatrix} \mathbf{0} & \mathbf{I} \\ \boldsymbol{A}_{21} & \boldsymbol{A}_{22} \end{bmatrix} \begin{bmatrix} {}^{\mathrm{TOF}}\dot{\boldsymbol{\rho}} \\ {}^{\mathrm{TOF}}\ddot{\boldsymbol{\rho}} \end{bmatrix} \\ \boldsymbol{S}_2 = \begin{bmatrix} -\boldsymbol{\omega}_0 \times \boldsymbol{\rho} + \boldsymbol{\omega} \times \boldsymbol{P}_1^i \\ -\dot{\boldsymbol{\omega}}_0 \times \boldsymbol{\rho} - 2\boldsymbol{\omega}_0 \times \dot{\boldsymbol{\rho}} - \boldsymbol{\omega}_0 \times (\boldsymbol{\omega}_0 \times \boldsymbol{\rho}) + \dot{\boldsymbol{\omega}} \times \boldsymbol{P}_1^i + \boldsymbol{\omega} \times (\boldsymbol{\omega} \times \boldsymbol{P}_1^i) \end{bmatrix} \\ \boldsymbol{S}_3 = \begin{bmatrix} \boldsymbol{H} & \mathbf{0} \\ \mathbf{0} & \boldsymbol{H} \end{bmatrix} \begin{bmatrix} \mathbf{0} \\ {}^{\mathrm{TOF}}\boldsymbol{\gamma} \end{bmatrix} \end{cases} \tag{6.35}$$

根据式(6.27),上式的 $\boldsymbol{S}_1$ 可进一步转化为

$$\boldsymbol{S}_1 = \begin{bmatrix} \mathbf{0} & \boldsymbol{H} \\ \boldsymbol{H}\boldsymbol{A}_{21} & \boldsymbol{H}\boldsymbol{A}_{22} \end{bmatrix} \begin{bmatrix} \boldsymbol{H}^{\mathrm{T}}\boldsymbol{\rho} \\ \boldsymbol{H}^{\mathrm{T}}\dot{\boldsymbol{\rho}} + \boldsymbol{H}^{\mathrm{T}}(\boldsymbol{\omega}_0 \times \boldsymbol{\rho}) \end{bmatrix} =$$

$$\begin{bmatrix} \dot{\boldsymbol{\rho}} + \boldsymbol{\omega}_0 \times \boldsymbol{\rho} \\ \boldsymbol{HA}_{21}\boldsymbol{H}^{\mathrm{T}}\boldsymbol{\rho} + \boldsymbol{HA}_{22}(\boldsymbol{H}^{\mathrm{T}}\dot{\boldsymbol{\rho}} + \boldsymbol{H}^{\mathrm{T}}(\boldsymbol{\omega}_0 \times \boldsymbol{\rho})) \end{bmatrix} \tag{6.36}$$

假设两个矢量的矢量积可按照以下形式转换为点积:

$$\boldsymbol{a} \times \boldsymbol{b} = (\boldsymbol{a}^{\times})\boldsymbol{b} = \begin{bmatrix} 0 & -a_x & a_y \\ a_z & 0 & -a_x \\ -a_y & a_x & 0 \end{bmatrix}\boldsymbol{b} \tag{6.37}$$

根据式(6.26)及式(6.35)~式(6.37)即可推导出

$$\begin{bmatrix} \dot{\boldsymbol{\rho}}_{ij} \\ \ddot{\boldsymbol{\rho}}_{ij} \end{bmatrix} =$$

$$\begin{bmatrix} \boldsymbol{0} & \boldsymbol{I} \\ \{\boldsymbol{HA}_{21}\boldsymbol{H}^{\mathrm{T}} + \boldsymbol{HA}_{22}\boldsymbol{H}^{\mathrm{T}}(\boldsymbol{\omega}_0^{\times}) - (\dot{\boldsymbol{\omega}}_0^{\times}) - (\boldsymbol{\omega}_0^{\times})(\boldsymbol{\omega}_0^{\times})\} & \{\boldsymbol{HA}_{22}\boldsymbol{H}^{\mathrm{T}} - 2(\boldsymbol{\omega}_0^{\times})\} \end{bmatrix} \begin{bmatrix} \boldsymbol{\rho}_{ij} \\ \dot{\boldsymbol{\rho}}_{ij} \end{bmatrix} +$$

$$\begin{bmatrix} \{\boldsymbol{0}\} \\ \begin{Bmatrix} -\boldsymbol{HA}_{21}\boldsymbol{H}^{\mathrm{T}}(\boldsymbol{P}_1^i - \boldsymbol{P}_0^j) - \boldsymbol{HA}_{22}\boldsymbol{H}^{\mathrm{T}}(\boldsymbol{\omega} \times \boldsymbol{P}_1^i) - \boldsymbol{HA}_{22}\boldsymbol{H}^{\mathrm{T}}(\boldsymbol{\omega}_0^{\times})(\boldsymbol{P}_1^i - \boldsymbol{P}_0^j) \\ + (\dot{\boldsymbol{\omega}}_0^{\times})(\boldsymbol{P}_1^i - \boldsymbol{P}_0^j) + 2(\boldsymbol{\omega}_0^{\times})(\boldsymbol{\omega} \times \boldsymbol{P}_1^i) + (\boldsymbol{\omega}_0^{\times})(\boldsymbol{\omega}_0^{\times})(\boldsymbol{P}_1^i - \boldsymbol{P}_0^j) \\ + \dot{\boldsymbol{\omega}} \times \boldsymbol{P}_1^i + \boldsymbol{\omega} \times (\boldsymbol{\omega} \times \boldsymbol{P}_1^i) \end{Bmatrix} \end{bmatrix} + \begin{bmatrix} \boldsymbol{0} \\ \boldsymbol{H}^{\mathrm{TOF}}\boldsymbol{\gamma} \end{bmatrix}$$

$$\tag{6.38}$$

6.4　最终逼近轨道设计

在最终逼近段,需要考虑目标航天器的非质心相对运动,这不仅取决于航天器质心之间的相对位置,还与航天器之间的相对姿态变化有关。下面主要考虑以下两种情况:

1. 目标航天器有姿态控制

目前,绝大部分具有在轨维修价值的航天器均采用三轴稳定的姿态稳定方式,这种目标航天器的姿态变化率一般不大于 0.1°/s。现阶段对于三轴稳定型目标航天器合作交会的最终逼近策略一般采取 V - bar 直线逼近或 R - bar 直线逼近的方式,例如美国航天飞机、欧洲 ATV、日本 HTV 与国际空间站之间的最终逼近。但是,在在轨服务或者维修等空间任务中,目标航天器可能无法提供有效的合作信息,对于这种非合作自主交会的情况,应当考虑任意方向的直线逼近,并在抓捕点外一定距离范围内实现停靠抓捕。

2. 目标航天器无姿态控制

无姿态控制的目标航天器一般是指姿轨控系统失效的故障卫星或空间垃圾等。这种无控目标会绕着其最大惯量主轴自旋,其姿态变化率一般不小于1°/s。针对这种情况,接近航天器需要相对目标航天器同时实现姿态和位置的跟踪控制,并使相对角速度为零,同时,在目标航天器体坐标系下沿着一定的捕获轴逐步逼近至抓捕点。但是,对于自旋角速度较大的姿态无控型目标航天器,就可以采取沿目标自旋轴直线逼近的方式。

6.4.1 三轴稳定型目标的最终逼近

如图 6.8 所示,在目标轨道坐标系中,在 $t = 0$ 的时刻,接近航天器位于初始位置 r_0 处,在转移时间 T 之内(即 $t = T$ 时刻),接近航天器抵达抓捕停靠点 r_T。

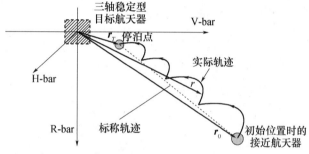

图 6.8　针对三轴稳定型目标的直线逼近示意图

图中,r_0 至 r_T 的虚线为直线逼近的标称轨迹,用向量 $\boldsymbol{\rho}$ 表示,而实际轨迹(图中粗实线)可能会在控制推力的作用下在标称轨迹附近来回变化,r 表示 t 时刻接近航天器在目标轨道坐标系中的位置,且 $\boldsymbol{\rho} = \boldsymbol{r} - \boldsymbol{r}_T$。

假设目标航天器处于三轴姿态稳定状态,且接近航天器最终将停靠在目标航天器外某一点,因此,本节将仅对接近航天器的相对位置进行控制。

利用滑模变结构控制设计方法,将切换函数设计为

$$s_i = k_1(r - r_d) + k_2\dot{r} \tag{6.39}$$

式中:r 为接近航天器在目标轨道坐标系中的位置矢量;r_d 为目标轨道坐标系中的期望位置矢量,也就是最终逼近结束后的抓捕停靠点的位置矢量 r_T。

控制推力加速度之外的 r 和 $\dot{r}$ 可由 C – W 方程计算而得。只要控制参数 k_1、k_2 在目标轨道坐标系中的分量均为正,则式(6.39)可以满足

$$\begin{cases} \lim s_i \dot{s}_i = 0 \\ s_i(0, \cdots, 0) = 0 \end{cases} \tag{6.40}$$

即滑模运动是渐近稳定的。

将 C – W 方程中的外力加速度 $\boldsymbol{\gamma}_i$ 设置为以下常值切换控制加速度：

$$\boldsymbol{\gamma}_i = \begin{cases} -T, & s_i > 0 \\ 0, & s_i = 0 \\ T, & s_i < 0 \end{cases} \qquad (6.41)$$

假定在目标轨道坐标系 3 个坐标轴上均可施加推力，当接近航天器相对位置矢量 $\boldsymbol{r}$ 在 X 轴的分量与期望值之差大于 0 时，此时 $s_i > 0$，则需要在 X 轴施加负向的控制推力；当接近航天器相对位置矢量 $\boldsymbol{r}$ 在 X 轴的分量与期望值之差等于 0 时，不在 X 轴施加控制推力；当接近航天器相对位置矢量 $\boldsymbol{r}$ 在 X 轴的分量与期望值之差小于 0 时，在 X 轴施加正向的控制推力。

根据上述分析，可在 MATLAB 中构建直线逼近滑模控制的 Simulink 模型，如图 6.9 所示。

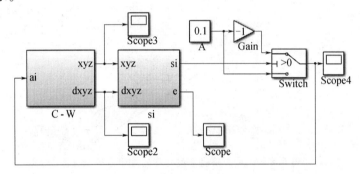

图 6.9　滑模控制 Simulink 模型

图 6.9 中，C – W 模块为根据 C – W 方程建立的相对运动模型；si 模块为根据式(6.39)而建立的滑模控制模型；Switch 模块对应公式(6.39)切换控制加速度。

设置三轴稳定型目标的直线逼近仿真条件为：

(1) 目标轨道角速度：$n = 7.292 \times 10^{-5}\,\text{rad/s}$，$\boldsymbol{r}_0 = \begin{bmatrix} 104 & 10 & 60 \end{bmatrix}^{\text{T}}\text{m}$，$\dot{\boldsymbol{r}}_0 = \begin{bmatrix} 0 & 0 & 0 \end{bmatrix}^{\text{T}}\text{m/s}$，$\boldsymbol{r}_d = \begin{bmatrix} 5 & 0 & 2 \end{bmatrix}^{\text{T}}\text{m}$。

(2) 控制参数：$\boldsymbol{k}_1 = \text{diag}(0.2\ \ 0.2\ \ 0.2)$，$\boldsymbol{k}_2 = \text{diag}(5\ \ 5\ \ 5)$，$T = 0.1\text{m} \cdot \text{s}^{-2}$；

(3) 仿真时间：1000s。

则可得到相对速度、相对位置随时间的变化曲线，如图 6.10 所示。

从图 6.10 可以看出，在仿真时间的前 300s 内，滑模控制的相对速度和相对位置的变化曲线都能较快收敛；当接近航天器在第 140s 左右到达 $\boldsymbol{r}_d$ 时，在目标轨道坐标系中的速度也几乎为 0；最终，接近航天器能保持在期望的停靠位置。提取相对位置数据并绘制三维曲线，可得接近航天器最终逼近段直线逼近仿真轨迹，

156

如图 6.11 所示。

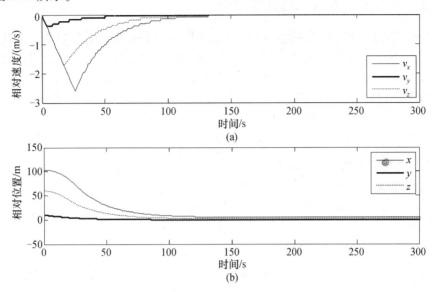

图 6.10　滑模控制相对速度和相对位置变化曲线

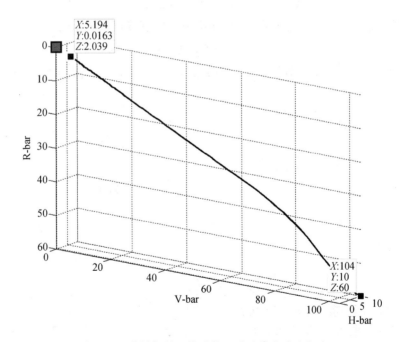

图 6.11　滑模控制下接近航天器的最终逼近轨迹

　　从图 6.11 可以看出,除了初始阶段之外,在最终逼近过程中接近航天器可以按照直线轨迹逼近至停靠点。因此,本节设计的滑模变结构控制方法可以实现对高轨三轴稳定型非合作目标航天器的自主交会最终逼近段的直线逼近控制。

6.4.2 姿态无控型目标的最终逼近

最终逼近段的位姿跟踪逼近的控制过程为:①假设根据相对位姿估计方法,已获取相对姿态、相对姿态角速度、相对位置、相对速度4个量的当前值;②将当前值与标称值做比较,得出偏差值;③按照反馈控制律生成控制量来消除偏差。

对于有较大惯性的被控对象,利用比例 - 微分(PD)控制能改善系统调节过程中的动态特性。PD控制的传递函数为

$$G_c(s) = K_P + K_P \tau s \tag{6.42}$$

式中:K_P 为比例系数;τ 为微分时间常数。

PD控制器的输出信号可以表示为

$$u(t) = K_P e(t) + K_P \tau \frac{\mathrm{d}e(t)}{\mathrm{d}t} \tag{6.43}$$

1. 相对姿态及跟踪控制

假设相对姿态运动中的未知量都为干扰力矩 $\boldsymbol{T}_d$,则式(6.25)可以简化为

$$\frac{\mathrm{d}\boldsymbol{\omega}}{\mathrm{d}t} = \boldsymbol{DI}_1^{-1}\boldsymbol{T}_1 - \boldsymbol{DI}_1^{-1}\boldsymbol{\omega}_1 \times \boldsymbol{I}_1\boldsymbol{\omega}_1 - \boldsymbol{T}_d \tag{6.44}$$

因此,接近航天器对目标航天器的姿态跟踪PD控制律可以表示为

$$\boldsymbol{T}_c = \boldsymbol{\omega}_1 \times \boldsymbol{I}_1\boldsymbol{\omega}_1 - \boldsymbol{I}_1\boldsymbol{D}^{\mathrm{T}}(K_1\Delta\boldsymbol{q} + K_2\boldsymbol{\omega}) \tag{6.45}$$

根据式(6.20)、式(6.21),可以构建航天器的姿态动力学 Simulink 模型,如图 6.12所示。

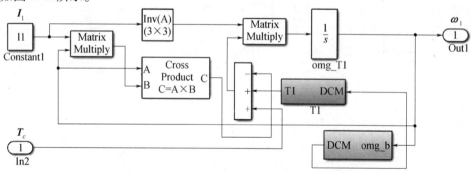

图 6.12　接近航天器的姿态动力学 Simulink 模型

图 6.12 即为接近航天器的姿态动力学模型,最终可输出接近航天器的角速度 $\boldsymbol{\omega}_1$。类似地,也可以得出目标航天器的姿态动力学模型。需要注意的是,在图 6.12 中,$\boldsymbol{T}_c$ 为式(6.45)中姿态跟踪 PD 控制器的控制力矩输出,可由后面图 6.14中的 Simulink 模型得出,而目标航天器的姿态动力学模型中不存在这一输入。

根据式(6.23)及图 6.11 中的 Simulink 模型,可以构建相对姿态计算 Simulink 模型,如图 6.13 所示。

图 6.13 中的模型需要有 5 个输入,即输入 1 为目标航天器的姿态动力学,输

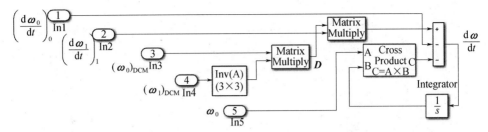

图 6.13 相对姿态动力学计算 Simulink 模型

入 2 为接近航天器的姿态动力学,输入 3 为目标航天器的角速度的方向余弦形式,输入 4 为接近航天器的角速度的方向余弦形式,图中的 $\boldsymbol{D}$ 为接近航天器本体坐标系到目标本体坐标系的坐标转换矩阵,输入 5 为目标航天器的角速度。根据式(6.10),应用以上各输入就可以获得在目标体系中的相对姿态动力学。

根据式(6.45),结合图 6.12 和图 6.13 中的 Simulink 模型,可以构建接近航天器相对姿态跟踪 PD 控制器的 Simulink 模型,模型最终可输出用于控制接近航天器姿态动力学的控制力矩 $\boldsymbol{T}_c$,如图 6.14 所示。

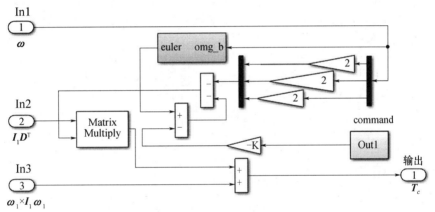

图 6.14 相对姿态跟踪 PD 控制 Simulink 模型

2. 相对位置及跟踪控制

假设相对位置运动中的未知量也为干扰项,且目标航天器处于慢速旋转状态。为了简化问题,在相对姿态实现跟踪的前提下,可以通过控制接近航天器质心的相对位置,来间接地实现机械臂前端 $\boldsymbol{P}_1^i$ 与抓捕点 $\boldsymbol{P}_0^j$ 之间的相对位置运动,则式(6.38)可以进一步简化为

$$\begin{bmatrix} \dot{\boldsymbol{\rho}}_{ij} \\ \ddot{\boldsymbol{\rho}}_{ij} \end{bmatrix} = \begin{bmatrix} \boldsymbol{0} & \boldsymbol{I} \\ \boldsymbol{H A}_{21} \boldsymbol{H}^{\mathrm{T}} & \boldsymbol{H A}_{22} \boldsymbol{H}^{\mathrm{T}} \end{bmatrix} \begin{bmatrix} \boldsymbol{\rho}_{ij} \\ \dot{\boldsymbol{\rho}}_{ij} \end{bmatrix} + \begin{bmatrix} \boldsymbol{0} \\ \boldsymbol{H}^{\mathrm{TOF}} \boldsymbol{\gamma} \end{bmatrix} \tag{6.46}$$

则接近航天器对目标航天器的相对位置跟踪 PD 控制律为

$$\boldsymbol{\gamma}_c = -\boldsymbol{A}_{21} \boldsymbol{H}^{\mathrm{T}} \boldsymbol{\rho}_{ij} - \boldsymbol{A}_{22} \boldsymbol{H}^{\mathrm{T}} \dot{\boldsymbol{\rho}}_{ij} - \boldsymbol{H}^{\mathrm{T}} (K_1 \Delta \boldsymbol{\rho}_{ij} + K_2 \dot{\boldsymbol{\rho}}_{ij}) \tag{6.47}$$

构建接近航天器相对位置跟踪控制的 Simulink 模型,如图 6.15 所示。

159

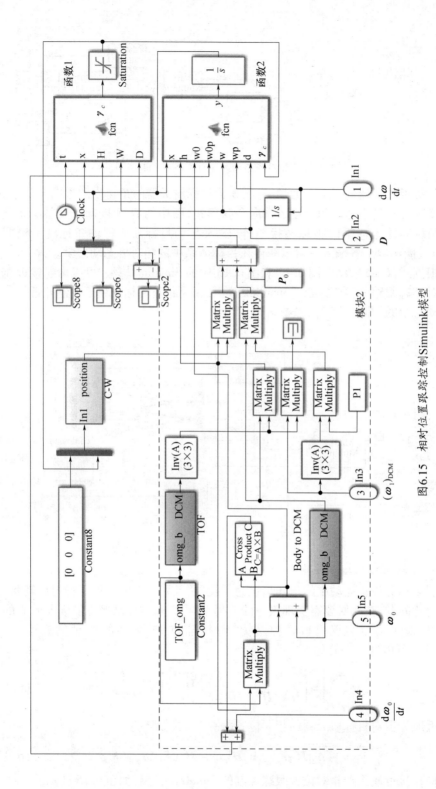

图6.15 相对位置跟踪控制Simulink模型

6.4.3 仿真实现

假设目标航天器上有一条固连于其体坐标系的捕获轴,接近航天器在闭环控制的跟踪逼近过程中,需要从50m外沿此捕获轴进行最终逼近,逼近相对速度为0.1m/s,并保持相对姿态稳定。

假设目标航天器轨道角速度 n 为 7.292×10^{-5} rad/s,自旋角速度为 $1°/s$,且

$$\boldsymbol{P}_0 = (2 \quad 4 \quad 0)^{\mathrm{T}}(\mathrm{m})$$

$$\boldsymbol{P}_1 = (3 \quad 4 \quad 5)^{\mathrm{T}}(\mathrm{m})$$

$$\boldsymbol{I}_0 = \begin{bmatrix} 100 & 0 & 0; & 50 & 0; & 0 & 0 & 50 \end{bmatrix}^{\mathrm{T}}(\mathrm{kg \cdot m^2})$$

$$\boldsymbol{I}_1 = \begin{bmatrix} 10 & 0 & 0; & 0 & 10 & 0; & 0 & 0 & 10 \end{bmatrix}^{\mathrm{T}}(\mathrm{kg \cdot m^2})$$

利用上面构建的 Simulink 模型,设置仿真时间为500s,仿真步长为0.1s,可得目标航天器的姿态欧拉角变化曲线、相对角速度变化曲线、相对位置变化曲线、相对速度变化曲线、接近航天器控制加速度变化曲线和控制力矩变化曲线,如图6.16~图6.18所示。

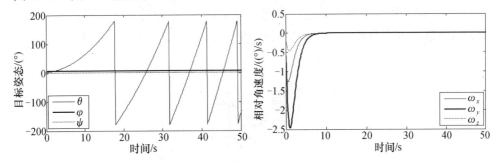

图 6.16　目标姿态欧拉角变化曲线及相对角速度变化曲线

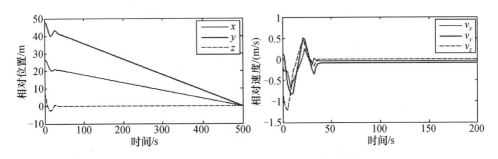

图 6.17　相对位置和相对速度变化曲线

由图6.16的目标姿态变化曲线可以看出,目标航天器并非静止不动,而是绕其本体坐标系的 X 轴进行滚动自旋。由图6.16的相对角速度变化曲线可以看出,接近航天器和目标航天器的相对角速度最终收敛至零附近,实现了姿态跟踪。

由图 6.17 可以看出,相对位置最终可以收敛至零附近,这说明接近航天器机械臂前端抵达了抓捕点,图中曲线最初的抖动是由控制加速度的限幅处理导致的。接近航天器和目标航天器的相对速度最终收敛,并保持在约 0.1m/s。

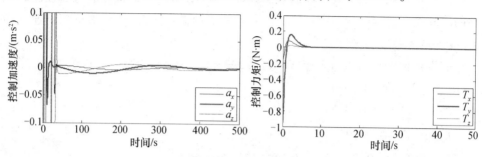

图 6.18　控制加速度和控制力矩变化曲线

由图 6.18 可以看出,随着姿态的同步以及相对位置的收敛,控制加速度也从约 0.1m/s² 逐渐减小为约 0.01m/s²;控制力矩首先从 −1N·m 变为约 0.1N·m,随后也逐渐收敛至零附近。

在 STK 中创建仿真场景,设置目标航天器姿态、轨道数据。同时,根据以上的相对位置、相对姿态仿真数据,设置接近航天器,进行视景仿真演示,如图 6.19 所示。

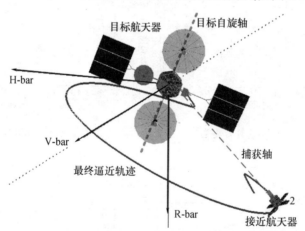

图 6.19　位姿跟踪逼近 STK 仿真图

图 6.19 中,目标航天器正绕着粗虚线的自旋轴自旋,细虚线为固连于目标体坐标系的捕获轴,也绕着目标航天器的自旋轴旋转,而粗实线为接近航天器在目标轨道坐标系下的最终逼近轨迹。在最终逼近过程中,接近航天器在目标体坐标系中沿捕获轴逼近目标航天器,这种轨迹在目标轨道坐标系中则呈现出一种环绕接近目标抓捕点的轨迹。可见,接近航天器实现了对于姿态无控型目标的跟踪逼近,并到达了有效抓捕点。

6.5 小 结

在航天器的主动接近过程中,一个接近航天器以另一个目标航天器为目标,不断地进行相对轨道、相对姿态的机动控制,最终实现以特定方式接近的目的。主动接近轨道设计是空间在轨服务、在轨碎片清除研究的重要内容。本章首先介绍了主动接近轨道的概念,然后从调相轨道设计和近距离接近两个方面对目标接近轨道进行了介绍,并给出了具体的轨道控制算法;最后,构建了接近航天器与目标航天器之间的相对姿态、位置动力学模型,并针对三轴稳定型目标航天器和姿态无控型目标航天器,分别提出了姿态、轨道的控制策略,并进行了仿真分析,验证了方法的正确性与可行性。

第7章　快速响应轨道理论与设计方法

满足快速响应任务的轨道称为快速响应轨道。快速响应任务主要是针对突发性的地质灾害、地震、核泄漏、军事冲突等。这些事件通常发生突然,破坏力极强,如果不能及时了解情况,采取果断措施,很可能会造成极大的损失。本章将从快速响应轨道的概念入手,重点介绍快速进入空间、快速调相等几种典型的快速响应轨道的理论和设计方法。

7.1　快速响应轨道的概念

响应是指系统在激励作用下所引起的反应。响应时间是指系统从接收到激励到做出反应的时间。在航天应用领域,响应时间一般定义为从任务提出到任务要求得到满足的时间段。

由于受到开普勒轨道的约束,航天器的轨道一旦确定,其在空间的运行规律以及与地面区域的相对运动状态也就相对固定下来了。很多自然、人为灾害具有很强的突然性,例如,2011 年 3 月 11 日,在日本东北部宫城县海中发生了里氏 9.0 级强震,地震随后引发了特大海啸,导致重大人员伤亡。地震和海啸发生后,福岛第一核电站的 6 个机组相继发生了断电、备用柴油发电机被毁、机组冷却系统失灵,紧接着核电站的反应堆接二连三发生爆炸。核泄漏造成世界范围内的恐慌,由于核泄漏造成环境的严重破坏,探测人员很难进入,而且由于领空、领海等的限制,中国等直接关系国很难利用航空和航海等手段获得第一手资料,如果此时能够拥有快速响应的航天器,就可以获得近实时的高精度侦察信息,从而为快速有效地制定应对措施提供第一手资料。

民用领域如此,军事领域更是如此。事实上,快速响应空间的概念是美国军方首次提出的。1999 年,美国空军在其"快速响应空间运输任务需求陈述"(Operational Responsive Spacelift Mission Needs Statement, ORS MNS)中首次提出了"快速响应空间"的概念。这一概念在后期不断被完善、丰富。在美国国防部副部长 2007 年 7 月 9 日的备忘录上,快速响应空间(ORS)被定义为"确保集中并及时满足联合部队司令部需求的空间力量,以能够承受的成本提供在太空和近太空迅速、精确部署和运行国家及军事资产的能力"。ORS 平衡了满足联合部队指挥官紧急的空间需求和满足其他用户的需求;同时,ORS 还提供了"应对意外损失或既定功能降级的能力和提供特定的或新技术的及时可用性"、(NSPD-40,美国空间运输政策),而战略的或长期的需求不是 ORS 关注的重点。

美空间联合作战条令认为:ORS 将空间技术及时地、有意识地与联合部队指挥官使用的其他力量同步和整合起来。其优势包括:

(1)快速响应联合部队指挥官需求的新的或增强的空间技术。

(2)当需要时可以快速改进和增强现有空间技术能力。

(3)能够快速重构或补充关键的空间技术能力来保证运作能力,为联合部队指挥官提供持续的空间力量。

其局限性包括:

(1)缩短的时间限制挑战着开发和部署过程的各个方面,也增加了风险。

(2)国会限制的最大开销要求详细说明联合部队指挥官的需求,这会导致产生"刚刚好"的技术方案。

满足快速响应任务的轨道称为快速响应轨道。快速响应轨道的设计以快速完成任务为第一目标,综合考虑开普勒轨道约束、航天器的后续应用以及寿命等因素。

快速响应轨道根据响应任务的不同,可以分为多种类型,本章主要介绍快速绕飞和快速进入空间两种轨道。

1. 快速绕飞轨道

绕飞是一个航天器绕另一个航天器的相对运动,两个航天器分别称为绕飞航天器和目标航天器。自然绕飞情况下,绕飞的周期一般与目标航天器的轨道周期相同。以地球同步轨道目标航天器为例,完成自然绕飞一圈需要 24h。自然绕飞是利用轨道力学特性,利用近距离相对运动方程设计的,相关研究已经比较成熟。

自然绕飞的绕飞周期与目标航天器的轨道周期绑定,在实际应用中有许多的不便。比如对地球静止轨道卫星的全方位观测、对空间站进行快速检测维修等。如果采用自然绕飞,完成地球静止轨道卫星的 360°观测,需要整整一昼夜的时间,而且由于地球静止轨道的特性,航天器有一段时间(几分钟~1h)处于阴影区,可见光相机是无法成像的;如果采用快速绕飞,不仅可以在几个小时甚至几十分钟就完成观测,而且能够避开阴影区,实用性更强。此外,对空间站进行快速检测维修时也常常要求检测航天器能在很短的时间内完成绕飞,以实现故障的快速排除。

快速绕飞的典型案例如美国"试验航天器"计划(XSS)的 XSS - 10 卫星。

XSS 的目的是研制一种全自主控制的微小卫星,这种卫星具有在轨检查、交会对接以及围绕轨道物体近距离机动的能力。XSS 卫星最终将增强美国空军航天司令部执行太空维修、维护以及其他特殊空间任务的能力。XSS - 10 系统是 XSS 系列计划中的第一颗微小卫星,于 2003 年 1 月 29 日由"德尔他 - 2"火箭发射入轨。XSS - 10 卫星的寿命只有 24h,其主要任务是演示验证空间飞行器之间的近距离检查操作以及自主导航等技术,期间其成功进行了周期为 10min 的快速绕飞演示验证试验(图 7.1)。

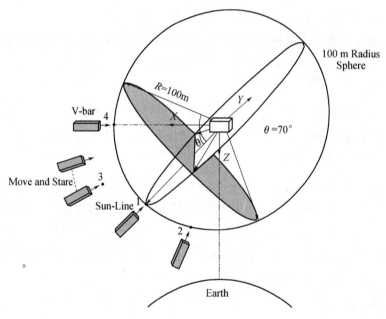

图 7.1　XSS - 10 任务图

2. 快速进入空间轨道

当突发性需求发生时,如果空间没有合适的航天器来完成这项任务,就必须从地面重新发射一个航天器,也就是说,要在尽可能短的时间内完成航天器的测试、发射、入轨,并在指定时间到达关注区域或者目标航天器附近,获取高精度信息,传回地面,为地面决策提供支持。例如,针对日本福岛地区的覆盖,就可以采用如图 7.2 所示的快速响应轨道,利用该轨道,卫星在入轨 10min 内即可到达福岛上空,实施首次侦察,并 1.5h 后实施第二次侦察,卫星的侦察结果还可以通过数据中继卫星实时传回地面,为地面应对措施的制定提供决策支持。

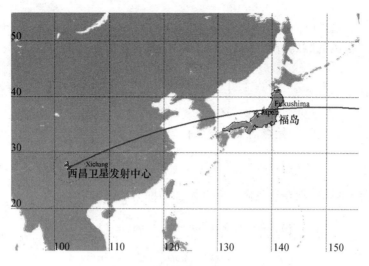

图 7.2　对福岛的快速响应轨道

7.2　圆形快速绕飞轨道

通常自然绕飞不需要施加外力,且绕飞相对轨迹为椭圆,绕飞周期也是固定的(与目标航天器的运行周期一致)。然而,圆形快速绕飞就必须在外力作用下才能实现,此时,绕飞航天器可在指定的较短时间内沿圆形绕飞轨迹伴随目标航天器周期性飞行。

7.2.1　圆形快速绕飞轨道设计

当绕飞航天器的初始状态满足一定条件时,可以实现对目标航天器的椭圆形自然绕飞运动,但每绕飞一圈就需要耗费一个轨道周期。如果绕飞航天器需要更快地完成对目标航天器的绕飞任务,或者是基于某些特殊原因需要绕飞航天器与目标航天器之间的距离必须保持恒定时,就需要采用圆形快速绕飞方式。圆形快速绕飞可分为平面内圆形快速绕飞和平面外圆形快速绕飞两种方式。

1. 平面内圆形快速绕飞

平面内圆形快速绕飞是指绕飞航天器的绕飞轨迹位于目标航天器轨道平面内,且绕飞轨迹为圆形。

如图 7.3 所示,r_{fa} 为绕飞半径,$\dot{\alpha}_{fa}$ 为绕

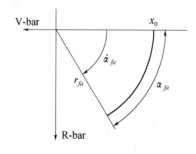

图 7.3　平面内圆形快速绕飞示意图

167

飞角速度,且 $\alpha_{fa} = \dot{\alpha}_{fa}t$。

假设平面内的顺时针圆形绕飞始于 $-V-bar$,且运动方程为

$$\begin{cases} x = -r_{fa}\cos(\dot{\alpha}_{fa}t) \\ z = r_{fa}\sin(\dot{\alpha}_{fa}t) \end{cases} \quad (7.1)$$

则绕飞航天器在绕飞初始点需要满足条件

$$\begin{pmatrix} x_0 & z_0 & \dot{x}_0 & \dot{z}_0 \end{pmatrix} = \begin{pmatrix} -r_{fa} & 0 & 0 & r_{fa}\dot{\alpha}_{fa} \end{pmatrix} \quad (7.2)$$

忽略摄动影响,则在绕飞圆上必须施加的推力加速度为

$$\begin{cases} \gamma_x = -r_{fa}\dot{\alpha}_{fa}(2\omega - \dot{\alpha}_{fa})\cos(\dot{\alpha}_{fa}t) \\ \gamma_z = -r_{fa}(\dot{\alpha}_{fa}^2 - 2\omega\dot{\alpha}_{fa} + 3\omega^2)\sin(\dot{\alpha}_{fa}t) \end{cases} \quad (7.3)$$

式中:ω 为目标航天器的轨道角速度。

绕飞圆上任一点的瞬时速度为

$$\begin{cases} \dot{x} = r_{fa}\dot{\alpha}_{fa}\sin(\dot{\alpha}_{fa}t) \\ \dot{z} = r_{fa}\dot{\alpha}_{fa}\cos(\dot{\alpha}_{fa}t) \end{cases} \quad (7.4)$$

设绕飞半径 r 为120m,快速绕飞角速度为目标轨道角速度的 $k(k=2,3,4)$ 倍,则推力加速度随时间变化曲线如图7.4所示。

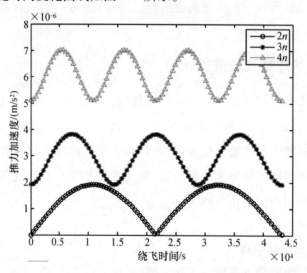

图7.4 平面内圆形绕飞时推力加速度与绕飞速度的关系

可见,推力大小随时间呈周期性的正弦曲线变化,且变化的周期为目标轨道周期的 $1/k$ 倍。同时,随着 k 的增加,绕飞周期中推力加速度的最大值与最小值都会

168

增加。

假设 k 为定值 2，即绕飞速度为目标航天器的 2 倍，绕飞半径取不同值（100 m，120 m，150 m）时，推力加速度随时间变化曲线如图 7.5 所示。

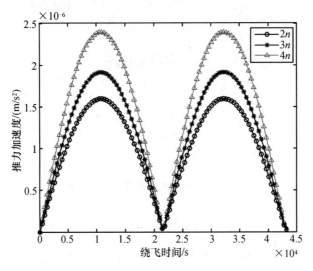

图 7.5　平面内绕飞时推力加速度与绕飞半径的关系

可见，随着绕飞半径的增大，周期内推力大小的最大值也会有所增大。

2. 平面外圆形快速绕飞

平面外圆形快速绕飞是指绕飞航天器的绕飞轨迹与目标航天器轨道平面有夹角，且绕飞轨迹为圆形。

假设平面外圆形绕飞起始点位于 $+R-bar$ 上距离目标 r_{fa} 处，绕飞角速度为 $\dot{\alpha}_{fa}$，绕飞极角（即绕飞航天器从起始点开始在绕飞圆上绕过的角度）为 α_{fa}。绕飞轨迹与 $R-bar$ 相交，且绕飞面与 $x-z$ 面的夹角为 θ。

如图 7.6 中的几何关系所示，可以得出绕飞航天器在目标轨道坐标系中的运动方程为

$$\begin{cases} x = r_{fa}\cos\theta\sin(\alpha_{fa}) \\ y = r_{fa}\sin\theta\sin(\alpha_{fa}) \\ z = r_{fa}\cos(\alpha_{fa}) \end{cases} \tag{7.5}$$

则绕飞航天器在绕飞初始点需要满足条件

$$\begin{pmatrix} x_0 & y_0 & z_0 & \dot{x}_0 & \dot{y}_0 & \dot{z}_0 \end{pmatrix} = \begin{pmatrix} 0 & 0 & r_{fa} & r_{fa}\cos\theta & r_{fa}\sin\theta & 0 \end{pmatrix} \tag{7.6}$$

且在绕飞圆上必须施加的连续推力加速度为

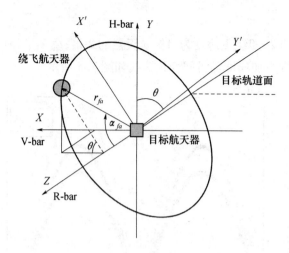

图 7.6 平面外快速圆形绕飞示意图

$$
\begin{cases}
\dot\gamma_x = -r_{fa}\dot\alpha_{fa}^2(\cos\theta\sin(\dot\alpha_{fa}t) - 2n\cos(\dot\alpha_{fa}t)) \\
\dot\gamma_y = -r_{fa}\sin\theta\sin(\dot\alpha_{fa}t)(\dot\alpha_{fa}^2\sin\theta + n^2) \\
\dot\gamma_z = -r_{fa}\cos(\dot\alpha_{fa}t)(\dot\alpha_{fa}^2 - 2n\cos\theta + 3n^2)
\end{cases}
\tag{7.7}
$$

绕飞圆上任一点的瞬时速度为

$$
\begin{cases}
\dot x = r_{fa}\dot\alpha_{fa}\cos\theta\cos(\dot\alpha_{fa}t) \\
\dot y = r_{fa}\dot\alpha_{fa}\sin\theta\cos(\dot\alpha_{fa}t) \\
\dot z = -r_{fa}\dot\alpha_{fa}\sin(\dot\alpha_{fa}t)
\end{cases}
\tag{7.8}
$$

设绕飞平面与 X–Z 面的夹角为 $30°$,绕飞半径 r 为 $120\mathrm{m}$,快速绕飞角速度为目标轨道角速度的 $k(k=2,3,4)$ 倍,则推力加速度随时间的变化曲线如图 7.7 所示。

可见,平面外绕飞时,推力加速度大小受绕飞速度的影响不大,这主要是由于推力加速度主要用于提供平面外即 Z 方向的运动。Z 方向推力加速度与绕飞速度的关系如图 7.8 所示。

假设 k 为定值 2,即绕飞速度为目标航天器的 2 倍,则绕飞半径取不同值($100\mathrm{m},120\mathrm{m},150\mathrm{m}$)时,总的推力加速度随时间变化曲线如图 7.9 所示。

可见,随着绕飞半径的增大,周期内推力大小的最大值也会有所增大,但增加的幅值不大。

7.2.2 目标禁区的定义

目标禁区,也可以称作目标航天器安全区,是判定绕飞轨迹安全与否的重要依

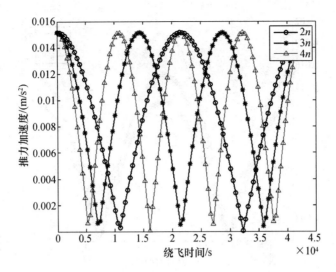

图 7.7 平面外圆形快速绕飞时推力加速度与绕飞速度的关系

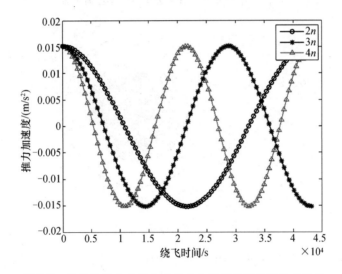

图 7.8 平面外绕飞时 Z 方向推力加速度与绕飞速度的关系

据。目标禁区可用以目标航天器为中心的球形来表示,其半径 r_{KOZ} 满足条件

$$r_{SR} \geqslant r_{KOZ} \geqslant r_{TE} + 2(r_{SE} + \Delta_{GNC} + \Delta_{PM}) \tag{7.9}$$

式中:r_{SR} 为绕飞航天器探测载荷的有效探测范围;r_{TE} 定义为目标航天器本体与太阳能帆板、天线抛物面等外伸部件中的最大外伸半径;r_{SE} 为绕飞航天器的包络体半径;Δ_{PM} 为绕飞航天器的位置测量精度;Δ_{GNC} 为绕飞航天器 GNC 系统的控制精度。

如果将此球形禁区投影到目标轨道坐标系的 X – Z 平面,则对应一圆形禁区,如图 7.10 所示。

以位于地球静止轨道的 TDRS – 1 卫星为例,其太阳能帆板在轨展开外伸约为

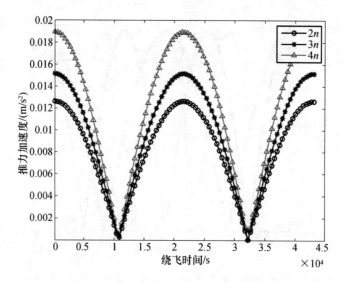

图 7.9　平面外绕飞时推力与绕飞半径的关系

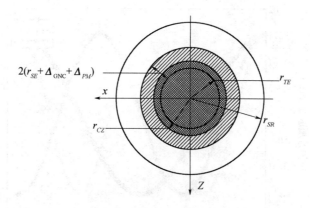

图 7.10　圆形禁区示意图

11m,天线反射面在轨展开外伸约为 7m。因此,可以对目标禁区做表 7.1 所列假设。

表 7.1　TDRS-1 目标禁区影响条件假设

r_{TE}	r_{SR}	Δ_{PM}	Δ_{GNC}	r_{SE}
12m	20km	5m	5m	8m

　　将表 7.1 各值代入式(7.9),得到 r_{KOZ} 的取值范围为:20km≥r_{KOZ}≥47m。

　　由于高轨环境对于碰撞的敏感性比较强,因此,目标禁区半径还需要保留足够的安全裕量。所以,通常将高轨快速圆形绕飞轨道设计中的目标禁区半径设计为 $r_{HKOZ}=2r_{KOZ}$。

172

7.2.3 安全性分析

由绕飞半径可知,若要在 $X-Z$ 轨道面内实现安全绕飞,必须满足条件

$$x^2 + z^2 \geq r_{KOZ}^2 \tag{7.10}$$

如果按照式(7.7)的方式施加连续推力,快速圆形绕飞可以实现主动安全。为了检验这种快速圆形绕飞的被动安全性,还需要考虑推力消失后绕飞航天器是否会进入目标禁区。

假设绕飞航天器在绕飞圆上某一点推力器失效,此时,经过的角度为 α_{failure},由式(7.1)、式(7.4)可得绕飞航天器在推力失效点的状态为

$$\boldsymbol{X}_{\text{failure}} = \begin{bmatrix} -r_{fa}\cos(\alpha_{\text{failure}}) \\ r_{fa}\sin(\alpha_{\text{failure}}) \\ \dot{\alpha}_{fa}r_{fa}\sin(\alpha_{\text{failure}}) \\ \dot{\alpha}_{fa}r_{fa}\cos(\alpha_{\text{failure}}) \end{bmatrix} \tag{7.11}$$

根据上述状态,可以得到绕飞航天器在推力失效后的自由飞行轨迹为

$$\boldsymbol{X}_{\text{free}} = \boldsymbol{\Phi}_{x-z}(\tau)\boldsymbol{X}_{\text{failure}} \tag{7.12}$$

利用 MATLAB 对失效后的自由轨迹进行仿真计算。在圆形绕飞标称轨迹上,从0°开始,每隔45°选取8个点作为推力器失效点。假设目标禁区半径为100m,绕飞半径为120m,圆形绕飞角速度仍设为 n,忽略摄动影响,仿真结果如图7.11所示。

可见,当圆形绕飞角速度为 n 时,只有在 $\alpha_{\text{failure}} = 0°$ 或180°时,其曲线才是闭合的,且本例中闭合曲线进入了目标禁区,安全性较差;而其余各处失效时均可以远离标称轨迹,满足安全性,但是不利于绕飞航天器在故障恢复后回到标称轨迹上。

下面分别在0°、45°、90°、135°失效点上分析不同绕飞角速度对于自由轨迹的影响,如图7.12所示。

从图7.12不难看出,当绕飞角速度 $\dot{\alpha}_{fa} = 2n$ 时,各失效点的轨迹均为椭圆。下面将对这种情况进行数学推导。

由于180°、225°、270°、315°开始的自由飞行轨迹与0°、45°、90°、135°的自由飞行轨迹呈中心对称关系,因此不再分析。

假设圆形绕飞的角速度为

$$\dot{\alpha}_{fa} = 2n \tag{7.13}$$

则将式(7.12)展开,可以得到

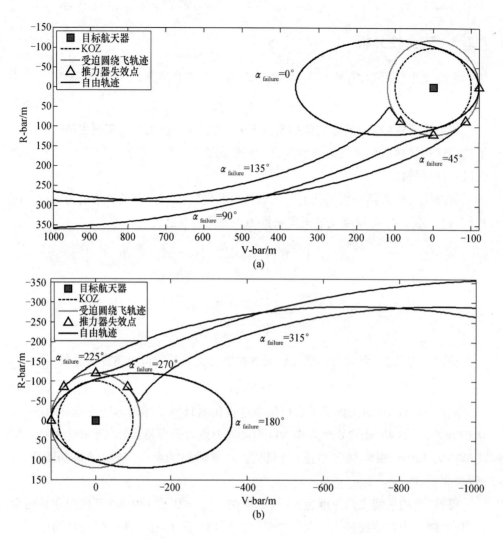

图 7.11　快速圆形绕飞轨迹上各处推力器失效后的轨迹仿真

$$\begin{cases} x_{\text{free}} = 3r_{fa}\cos(\alpha_{\text{failure}}) + 2r_{fa}\sin(\alpha_{\text{failure}})\sin(n\tau) - 4r_{fa}\cos(\alpha_{\text{failure}})\cos(n\tau) \\ z_{\text{free}} = r_{fa}\sin(\alpha_{\text{failure}})\cos(n\tau) + 2r_{fa}\cos(\alpha_{\text{failure}})\sin(n\tau) \end{cases}$$

$$(7.14)$$

整理得

$$\begin{cases} \dfrac{x_{\text{free}} - 3r_{fa}\cos(\alpha_{\text{failure}})}{2r_{fa}} = \sin(\alpha_{\text{failure}})\sin(n\tau) - 2\cos(\alpha_{\text{failure}})\cos(n\tau) \\ \dfrac{z_{\text{free}}}{r_{fa}} = \sin(\alpha_{\text{failure}})\cos(n\tau) + 2\cos(\alpha_{\text{failure}})\sin(n\tau) \end{cases}$$

$$(7.15)$$

左右两边同时平方,并将两式相加,可得

174

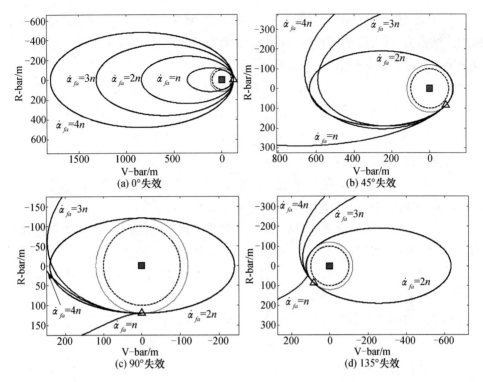

图 7.12　快速绕飞角速度增大时不同失效点的自由轨迹

$$\frac{(x_{\text{free}} - 3r_{fa}\cos(\alpha_{\text{failure}}))^2}{(2r_{fa})^2} + \frac{(z_{\text{free}})^2}{(r_{fa})^2} = 1 + 3\cos^2(\alpha_{\text{failure}}) \qquad (7.16)$$

由上式可以看出,当快速绕飞的角速度等于 $2n$ 时,如果绕飞航天器的推力器在快速绕飞圆上任意一点失效,失效后的自由轨迹为椭圆,与仿真的结果相符合。因此,将这样的自由轨迹称为"自由椭圆"。

自由椭圆的中心位于 V - bar 上,且 X 坐标为 $3r_{fa}\cos(\alpha_{\text{failure}})$,长半轴为 $2r_{fa}\sqrt{1 + 3\cos^2(\alpha_{\text{failure}})}$,短半轴为 $r_{fa}\sqrt{1 + 3\cos^2(\alpha_{\text{failure}})}$,且自由椭圆与标称轨迹存在相切的关系,其相切点坐标为

$$\begin{bmatrix} x_{\tan} \\ z_{\tan} \end{bmatrix} = \begin{bmatrix} -r_{fa}\cos(\alpha_{\text{failure}}) \\ \pm r_{fa}\sin(\alpha_{\text{failure}}) \end{bmatrix} \qquad (7.17)$$

由上式可以看出,如果 $\alpha_{\text{failure}} = 0$ 或 π,则自由椭圆在单个周期内与标称轨迹只存在一个相切点,即 $(r_{fa}\ \ 0)$ 或者 $(-r_{fa}\ \ 0)$;如果 $\alpha_{\text{failure}} \neq 0$ 或 π,则自由椭圆在单个周期内与标称轨迹存在两个相切点。

由以上分析可以看出,由于自由椭圆与圆形绕飞标称轨迹之间存在相切关系,只要设计标称轨迹时满足式(7.10),则自由椭圆也可以满足式(7.10),这样就可以充分保证绕飞航天器在该轨迹上任一点发生推力器失效后的自由轨迹也是被动安全的。

一旦绕飞航天器排除故障恢复正常，那么，只要在式(7.17)所表示的位置开始施加连续推力，就可以利用相切关系回到标称绕飞圆上。利用式(7.3)，可以得出连续推力只存在径向分量，且其大小为

$$\gamma_z = \begin{cases} -3r_{fa}n^2\sin(\alpha_{\text{failure}} + 2nt)\ (\text{在}\ \alpha_{\text{failure}}\ \text{处返回受迫绕飞圆}) \\ 3r_{fa}n^2\sin(\alpha_{\text{failure}} - 2nt)\ (\text{在}\ 2\pi - \alpha_{\text{failure}}\ \text{处返回受迫绕飞圆}) \end{cases} \tag{7.18}$$

可见，这种绕飞角速度为目标航天器轨道角速度 2 倍的绕飞方式可以很好地达到安全、燃料、时间等各方面因素的平衡点，即

（1）其完整的绕飞周期只有自然绕飞的 1/2，且绕飞航天器可以与非合作目标保持恒定的距离，这样更有利于探测器稳定地工作。

（2）其标称轨迹不会进入目标禁区，一旦推力器失效，绕飞航天器的自由轨迹为一个与标称圆相切的椭圆，且不会进入目标禁区，实现了主动和被动安全。

（3）绕飞航天器不必远离后再执行返回机动，而是可以利用自由椭圆和标称圆的切点回到既定的圆形绕飞任务中。

与平面内的情况类似，若要在平面外实现安全绕飞，还必须满足条件

$$x^2 + y^2 + z^2 \geqslant r_{KOZ}^2 \tag{7.19}$$

同样，假设绕飞航天器在绕飞圆上某一点推力器失效，此时经过的角度为 α_{failure}，由式(7.5)、式(7.8)得出绕飞航天器在该失效点处的状态为

$$\begin{bmatrix} r_{fa}\cos\theta\sin(\alpha_{\text{failure}}) \\ r_{fa}\sin\theta\sin(\alpha_{\text{failure}}) \\ r_{fa}\cos(\alpha_{\text{failure}}) \\ r_{fa}\dot{\alpha}_{fa}\cos\theta\cos(\alpha_{\text{failure}}) \\ r_{fa}\dot{\alpha}_{fa}\sin\theta\cos(\alpha_{\text{failure}}) \\ -r_{fa}\dot{\alpha}_{fa}\sin(\alpha_{\text{failure}}) \end{bmatrix} \tag{7.20}$$

根据上述状态，可得失效后的自由轨迹为

$$\boldsymbol{X}_{\text{free}} = \boldsymbol{\Phi}_{xyz}(\tau)\boldsymbol{X}_{\text{failure}} \tag{7.21}$$

要保证推力器失效点的自由飞行轨迹是被动安全的，则需要满足条件

$$x_{\text{free}}^2 + y_{\text{free}}^2 + z_{\text{free}}^2 \geqslant r_{KOZ}^2 \tag{7.22}$$

同样，利用 MATLAB 对失效后的自由轨迹进行仿真计算。在快速绕飞标称轨迹上从 0°开始，每隔 45°选取 8 个点作为推力器失效点。假设目标禁区半径为 100m，θ 为 45°，快速绕飞半径为 120m，快速绕飞角速度仍设为 n，忽略摄动影响，仿真结果如图 7.13 所示。

可见，平面外的情况要比平面内的情况复杂地多。由于无法在图 7.13 中直接

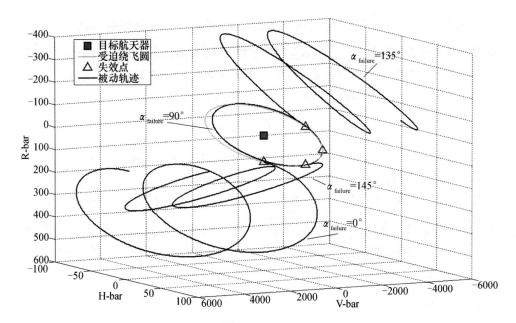

图 7.13 平面外快速圆形绕飞轨迹上各处推力器失效后的轨迹仿真

看出失效后自由轨迹与目标禁区之间的关系,因此,图 7.14 将分别给出不同角速度下失效后自由轨迹与目标禁区(100m)之间的相对距离情况。

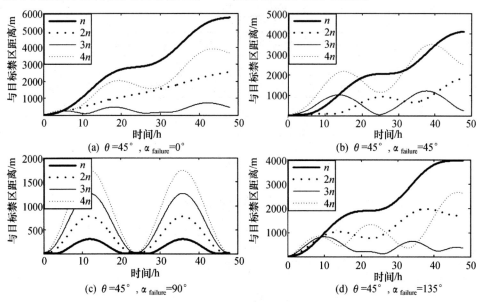

图 7.14 $\theta = 45°$ 时不同绕飞角速度下的相对距离

可见,当 $\theta = 45°$ 时,随着快速绕飞角速度不断增大,自由轨迹在 2 个轨道周期之内均能保持在目标禁区之外。此时,平面外快速圆形绕飞的被动安全性较好。

由式(7.20)可以看出,在 r_{fa} 确定的情况下,平面外快速圆形绕飞轨迹上某一点推力器失效后的轨迹与 $\dot{\alpha}_{fa}$、θ、α_{failure} 均相关,显然关系比较复杂。由于推力器在绕飞圆上哪一点失效是不可预知的,而只要绕飞圆上任一点发生推力器失效从而导致绕飞航天器的自由飞行轨迹出现进入禁区的情况,即

$$\rho_{in} = \min\left(\sqrt{x_{\text{free}}^2 + y_{\text{free}}^2 + z_{\text{free}}^2} - r_{KOZ}\right) < 0 \qquad (7.23)$$

就可以认为该快速绕飞圆不具有良好的被动安全性。因此,需要对 $\dot{\alpha}_{fa}$、θ 取不同值时,绕飞航天器自由运行轨迹的被动安全性进行分析。

因此,在 r_{fa} 确定的情况下,可以设计一种三重 for 循环结构,从外到内分别是:第一重为快速绕飞角速度 $\dot{\alpha}_{fa}$ 由小变大的 for 循环;第二重为绕飞面与 $X-Z$ 面夹角 θ 由小变大的 for 循环;第三重为 α_{failure} 由小变到大的 for 循环。该程序流程图如图 7.15 所示。

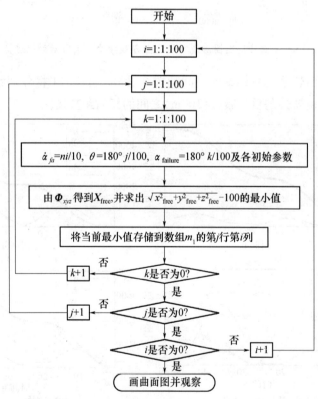

图 7.15　判断自由轨迹是否进入禁区流程图

需要说明的是,与平面内的情况类似,α_{failure} 在 $0° \sim 360°$ 内变化时,前 $180°$ 的自由轨迹与后 $180°$ 的自由轨迹关于 TOF 系的原点对称,且 θ 在 $0° \sim 360°$ 内变化时,前 $180°$ 的自由轨迹与后 $180°$ 的自由轨迹关于 $X-Z$ 面对称。因此,α_{failure}、θ 只需要

在 0° ~ 180° 内取值即可。

在仿真计算时,绕飞半径 r_{fa} 取为 120m,目标轨道角速度为 $7.292 \times 10^{-5}\,\mathrm{rad/s}$,忽略摄动影响,对推力失效后的自由飞行轨迹外推两个轨道周期,根据最后的结果所作的曲面色值图及平面色值图分别如图 7.16、图 7.17 所示。

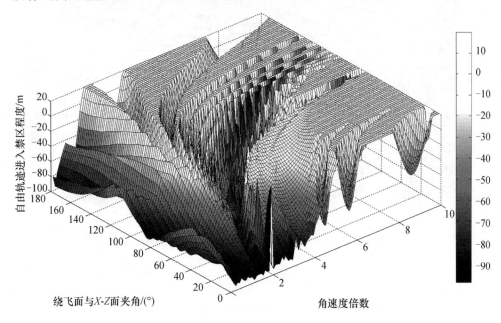

图 7.16 $r_{fa}=120$m 时自由轨迹进入目标禁区程度曲面色值图

在图 7.16 和图 7.17 中,每个色块都表示对应的 $\dot{\alpha}_{fa}$、θ 所决定的自由轨迹进入禁区的程度,即式(7.23)中的 ρ_{in},色块的色值越高,ρ_{in} 数值越小,进入禁区的程度越深,该条绕飞圆被动安全性就越差。可见,当 $r_{fa}=120$m 时,快速绕飞角速度越大,绕飞面与 $X-Z$ 面夹角越大,快速绕飞的被动安全性越好,但仍会在某些情况下出现推力器失效而进入目标禁区的情况,即图中的高色值色块。因此,在实际应用时应当尽量选取低色值色块所对应的 $\dot{\alpha}_{fa}$ 和 θ。

当然,前面只是考虑了 $r_{fa}=120$m 的情况,如果绕飞半径也发生变化,需要计算不同的 $\dot{\alpha}_{fa}$、θ、$\alpha_{failure}$ 所导致的 ρ_{in},其结果如图 7.18 所示。

可见,随着绕飞半径不断增大,ρ_{in} 数值越大,进入禁区的程度越浅,且 r_{fa} 与 ρ_{in} 呈以下正比关系:

$$\rho_{in} = 0.00675r_{fa} - 99.975 \tag{7.24}$$

因此,在进行高轨非合作自主交会时,应当尽量使 $\rho_{in} \geq 0$,即只有当 $r_{fa} > 14.8$km 时,才能完全保证做快速圆形绕飞运动的绕飞航天器在任何情况下都不会进入目标禁区。

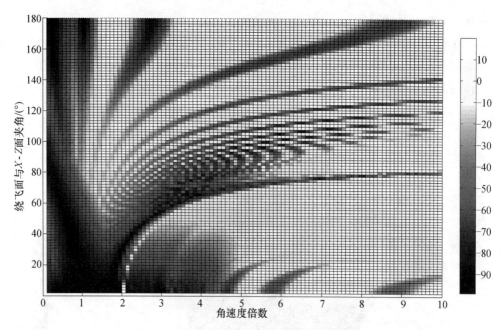

图 7.17　$r_{fa} = 120$m 时自由轨迹进入目标禁区程度平面色值图

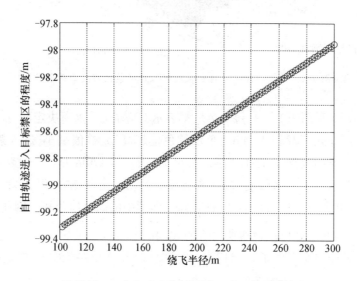

图 7.18　r_{fa} 变化时自由轨迹进入目标禁区程度

7.3　快速进入空间轨道

当地震、核泄漏、军事冲突等重大事件发生时,为了尽快了解情况,需要从地面发射一些新航天器,如果这些航天器能够快速进入空间轨道,就可以尽快获得关注区域的观测数据。因此,快速进入空间轨道最显著的特点就是它的快速响应能力,即在突发情况下几个小时之内就能够将需要的信息传送到用户手中。

快速进入空间轨道的响应时间定义为

$$T_{\text{Response}} = T_{\text{Prepare}} + T_{\text{WaitWindow}} + T_{\text{LaunchTime}} + T_{\text{OrbitMission}} \qquad (7.25)$$

式中:T_{Prepare}为发射准备时间;$T_{\text{WaitWindow}}$为等待发射窗口时间;$T_{\text{LaunchTime}}$为从航天器发射到进入预定轨道的时间;$T_{\text{OrbitMission}}$为轨道相应时间,即航天器入轨到地面获得第一批探测数据或者开始提供通信、导航服务的时间段。

7.3.1 低轨快速进入轨道设计

低轨快速进入轨道首先由 Microcosm 提出,目的是在尽可能短的时间内获得第一手的情报资料,以应对突发情况,及时做出反应。低轨快速进入轨道主要用于敏感区域的侦察。低轨快速进入轨道的设计思想如表7.2所列。

表7.2　低轨快速进入轨道的设计思想

序号	设计思想	实现方法
1	发射之后 90min 之内覆盖到目标	首圈进入覆盖目标的轨道
2	每天重复观测	回归轨道
3	如果可能,每天观测 2 次	轨道复现(升轨、降轨各观测 1 次)

对于任意发射场,如果不考虑发射方位角的限制,都可以设计两条覆盖地球上任意点的快速进入轨道,一条顺行,一条逆行,如图7.19所示。

图7.19　任意发射场对地球上任意点的覆盖

181

如果指定目标点,则可以通过发射方位角的选择,选定具体的轨道。主要步骤为:

(1)设定发射场,获得发射场的经纬度。

(2)选定目标点,获得目标点的经纬度。

(3)确定观测的具体要求,包括地面成像的分辨率、回归周期等,确定要设计的轨道的轨道高度和偏心率。

(4)根据发射时间 $T_{LaunchTime}$、发射场和目标点的位置,计算得到低轨快速进入轨道的轨道根数。

如果选择发射场为西昌,目标点选为日本福岛,轨道为 15 天一圈的回归圆轨道,则通过设计,得到的设计结果如图 7.20 所示。

图 7.20　对福岛的快速进入轨道

考虑到光学侦察最小仰角(设置为 30°)的约束,得到设计的快速进入轨道对目标地区的覆盖情况如图 7.21 所示。

可见,运行在该轨道上的卫星可以实现一天内对目标点的两次覆盖,满足设计要求。

7.3.2　Cobra 轨道设计

Cobra 轨道首先由 John Draim 提出,目的是为中纬度区域提供高效的通信支持。通过合理设计,Cobra 轨道可以实现对特定经纬度区域特定时段(通信时段)的覆盖。Cobra 轨道是大偏心率轨道(800km × 27000km),轨道倾角为临界倾角63.4°。由于采用临界倾角,所以 Cobra 轨道远地点和近地点不旋转,能够长期保持稳定构型。

以为我国提供通信覆盖为例,给出 Cobra 轨道的设计步骤:

182

2 Jan 2014 08:00:00.000   2 Jan 2014 10:00:00.000   2 Jan 2014 12:00:00.000   2 Jan 2014 14:00:00.000   2 Jan 2014 16:00:00.000   2 Jan 2014 18:00:00.000
Jan 2014 07:00:00.000   2 Jan 2014 09:00:00.000   2 Jan 2014 11:00:00.000   2 Jan 2014 13:00:00.000   2 Jan 2014 15:00:00.000   2 Jan 2014 10:07:00.000 2 Jan 2014 19:00:00.000

图 7.21   对福岛观测时间

（1）设计轨道,轨道远地点高度 27000km,近地点高度 800km,轨道倾角 63.4°。

（2）确定关注区域,对轨道的远地点进行设置,将其设置在关注区域上空。

（3）设置卫星过远地点的时刻为期望时刻。

依据上述步骤,可以设计对我国上空提供通信覆盖的 Cobra 轨道卫星如图 7.22 ~ 图 7.24 所示。

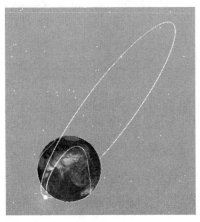

图 7.22   为我国提供通信支持的 Cobra 轨道

假设通信需要的最小仰角为 10°,则利用该轨道,在其 8h 的轨道周期内能够提供 7h 的通信支持。

由 Cobra 轨道的覆盖情况可知,利用 3 ~ 4 个运行在 Cobra 轨道上的航天器组网就可实现对我国国土区域的连续覆盖,实用性很强。

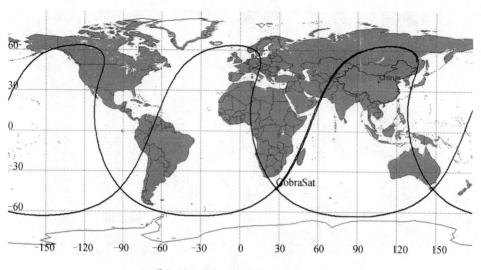

图 7.23　Cobra 轨道的星下点轨迹

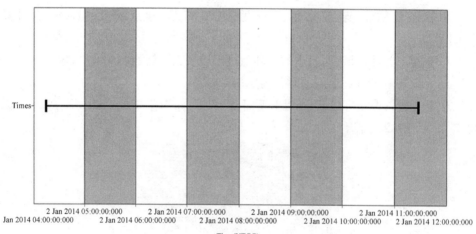

图 7.24　Cobra 轨道航天器对我国的覆盖(一个周期内)

7.4　小　结

　　快速响应轨道以牺牲覆盖、寿命等传统性能指标为代价,极大地缩短了任务响应时间,在应对紧急的空间任务上具有极大的优势。快速响应轨道与空间任务直接相关,具有非常强的针对性。本章主要介绍了快速绕飞和快速进入空间两种类型的快速响应轨道,并不能覆盖快速响应轨道的所有类型,读者可以根据各自的需要针对性地提出其他轨道。

184

第8章 极地驻留轨道理论与设计方法[①]

早在 20 世纪 70 年代末和 80 年代初,受到科幻小说《Two Planets》的启发,Driver 就描绘了一种可以长时间盘旋在地球两极上空的航天器,而极地驻留轨道就是为这种航天器设计出的一种轨道。

8.1 极地驻留轨道的概念

极地驻留是指在地球南极或北极上空盘旋,运行在极地驻留轨道上的航天器,其星下点轨迹始终在地球南极或北极附近,从而实现对地球南极或北极地区的长期覆盖。

极地驻留轨道上运行的航天器位于地球的自转轴上,空间上看相当于驻留在地球的南极或者北极上。如果航天器到南极或者北极的距离保持不变,则在地球固连坐标系中,航天器将保持静止不动。

目前,对地球表面的持续覆盖主要通过 GEO 轨道来实现,但是,由于 GEO 轨道倾角为 0°,不能实现对高纬度和两极地区的覆盖。因此,对于两极地区的覆盖,一般采用多个大倾角的低、中轨道上的卫星组成星座来实现。然而,由于卫星经过观测区域的弧段有限,当星座中卫星数目受限时,也无法实现连续覆盖,覆盖的频度取决于星座中卫星的数量和星座的构型。不仅如此,如果是成像卫星星座,要想获得全视场的观测结果还必须通过多幅成像结果重构才能得到。

如果利用极地驻留轨道,那么,单个航天器就可以实现对南北两极地区的连续覆盖,不仅对全视场、实时的侦察监视、通信非常有利,而且也可为气象部门提供精度适中的实时气象观测数据,而不是传统的阶段性的数据。

---

① Matteo Ceriotti, Colin R. McInnes. An Earth Pole – Sitter Using Hybrid Propulsion[C]. AIAA/AAS Astrodynamics Specialist Conference. Canada:AIAA/AAS Astrodynamics Specialist Conference, 2010:1 – 29.

8.2　极地驻留轨道设计方法

8.2.1　圆型限制性三体问题下的动力学模型

圆型限制性三体问题是研究一个极小质量的物体(航天器)在两个大型天体万有引力作用下的运动,即绕两个天体的质量中心作圆运动。这个模型中忽略了航天器对两个大天体的引力作用。

假设两个大天体 P_1 和 P_2 的质量分别记为 m_1 和 m_2,它们相互之间作圆周运动,旋转角速度为 ω。定义质心旋转坐标系 $OXYZ$,如图8.1所示。

(1)原点为大天体 P_1 和 P_2 组成的二体系统的质心。

(2) XY 平面为 P_1 和 P_2 的运动平面。

(3) X 轴与 P_1 和 P_2 的连线固连,指向小天体 P_2,并随其做圆周运动。

(4) Z 轴与系统的旋转轴一致。

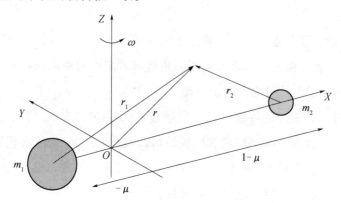

图8.1　限制性三体问题下的质心旋转坐标系

在上述坐标系下,航天器的运动可描述为

$$\ddot{r} + 2\omega \times \dot{r} + \omega \times (\omega \times r) = -\nabla V + a \tag{8.1}$$

式中: r 为位置矢量; a 为非引力类型的加速度,如推力; V 为大天体的引力位函数,且

$$V(r) = -\left(\frac{1-\mu}{r_1} + \frac{\mu}{r_2}\right), \mu = \frac{m_2}{m_1 + m_2} \tag{8.2}$$

则两个天体的引力常数分别为

$$Gm_1 = 1 - \mu$$
$$Gm_2 = \mu$$

式中:G 为万有引力常数。

后面的方程中将使用规范的无量纲形式,也就是假设 $\omega = 1$,距离的单位为两天体之间的距离。这样,m_1 的 X 轴坐标为 $-\mu$,m_2 的 X 轴坐标为 $1 - \mu$。若大天体 m_1 是太阳,m_2 是地球,则 $\mu = 3.0404 \times 10^{-6}$,$r_1$、$r_2$ 是航天器相对于两个大天体 m_1、m_2 的失径,则有

$$
\begin{aligned}
\boldsymbol{r}_1 &= \boldsymbol{r} + \begin{bmatrix} 0 & 0 & \mu \end{bmatrix}^{\mathrm{T}} \\
\boldsymbol{r}_2 &= \boldsymbol{r} - \begin{bmatrix} 0 & 0 & 1 - \mu \end{bmatrix}^{\mathrm{T}}
\end{aligned}
\tag{8.3}
$$

若定义 $\boldsymbol{\Phi}(\boldsymbol{r}) = -\dfrac{1}{2}(x^2 + y^2)$,则 $\boldsymbol{\omega} \times (\boldsymbol{\omega} \times \boldsymbol{r}) = \nabla \boldsymbol{\Phi}$;再令 $U = V + \boldsymbol{\Phi}$,则公式(8.1)可变成

$$
\ddot{\boldsymbol{r}} + 2\boldsymbol{\omega} \times \dot{\boldsymbol{r}} = -\nabla U + \boldsymbol{a}
\tag{8.4}
$$

已知极地驻留轨道航天器在整个任务期间位于地球自转轴上,若忽略地球极移和章动的影响,则地球自转轴在地球绕太阳公转期间不会发生旋转等变化。因此,在上述旋转坐标系中,地球自转轴以与三体系统相反的速度进行旋转,旋转角速度为 $-\boldsymbol{\omega}$。这样,地球自转轴经过一年的旋转会绘制出一个圆锥的形状,如图 8.2 所示。

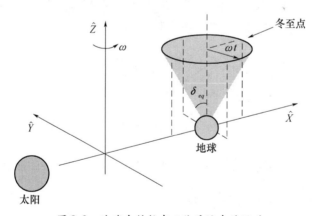

图 8.2　地球自转轴在三体系统中的运动

为了使航天器一直位于地球自转轴上,假设 $t_0 = 0$ 时刻航天器位于图 8.2 中的冬至点位置,则航天器的位置矢量可表示为

$$
\boldsymbol{r}(t) = \begin{bmatrix} d(t)\sin\delta_{eq}\cos\omega t + (1 - \mu) \\ -d(t)\sin\delta_{eq}\sin\omega t \\ d(t)\cos\delta_{eq} \end{bmatrix}
\tag{8.5}
$$

式中:$d(t)$ 为地球中心到航天器之间的距离,一般是时间的连续函数。

将上式代入式(8.4),即可得到完成极地驻留轨道控制所需要的控制加速度的大小和方向。

8.2.2 驻留距离固定时极地驻留轨道设计

假设采用 SEP/太阳帆组合控制方式,航天器初始位置在冬至点,初始质量 1000kg,地心距 0.01AU,利用上一节建立的极地驻留轨道航天器的动力学模型,对航天器运行一年的情况进行了仿真,仿真结果如下。

图 8.3 给出了一年内极地驻留需要施加的控制加速度(太阳帆光照度 $\beta_0 = 0.05$),黑色的粗箭头是按比例给出的为保持轨道所需克服的加速度的大小和方向;n 对应的箭头给出的是太阳帆的帆面法向方向,由于计算采用的不是理想太阳帆,因此这个方向与太阳帆实际产生的控制力对应 a_s 方向并不完全一致;黑色不加粗的箭头表示的是太阳电推进提供的加速度。

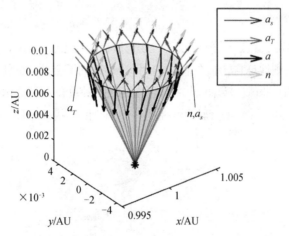

图 8.3 一年内极地驻留需要施加的控制加速度

从图 8.3 也可以看出,引力加速度基本指向 $-\hat{z}$ 轴,因此,施加的推力必须是相反方向;太阳帆提供的加速度方向在 $+\hat{z}$ 轴方向上有分量,同时在 $+\hat{x}$ 方向(也就是与太阳到航天器的连线方向)也有明显分量;为此,SEP 提供的加速度方向主要补充 $+\hat{z}$ 轴方向的加速度,并抵消 $\hat{y}$ 方向的剩余分量。

图 8.4 给出了太阳帆和 SEP 提供的加速度(点线)的值,带圆圈的线表示的是完成极地驻留需要的加速度值;$\beta_0 = 0$ 表示太阳帆提供的加速度为 0,只有 SEP 提供控制加速度;绿色的表示 $\beta_0 = 0.05$ 时太阳帆和 SEP 提供的控制加速度;红色的表示 $\beta_0 = 0.1$ 时太阳帆和 SEP 提供的控制加速度。

从图 8.4 中可以看出,在夏至附近时($t \in [100,250]$ 天)需要 SEP 提供的控制加速度较大。

图 8.5 给出了航天器质量的变化情况,主要是 SEP 推进控制造成的推进剂消耗。

188

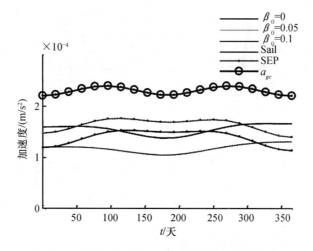

图 8.4　SEP 以及太阳帆提供的推力加速度大小

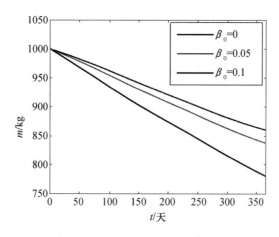

图 8.5　航天器质量变化情况

图 8.6 给出的是航天器驻留距离(航天器距离地心的距离)对推进剂消耗的影响。从图中可以看出,随着驻留距离的减小,地球引力开始占到主导作用,燃料消耗急剧上升,且在地心距 $d \cong 0.017\mathrm{AU}$ 时,推进剂消耗最少。

8.2.3　驻留距离不固定时极地驻留轨道设计

如果放松对驻留距离的限制,采用倾斜轨道,则很有可能更好地利用太阳帆,从而减小推进剂的消耗,延长航天器驻留时间。

假设航天器在冬至点的驻留地心距为 d_1,夏至点驻留地心距为 d_2,一年内驻留高度的变化情况如图 8.7 所示。

针对上述驻留方式,可得到

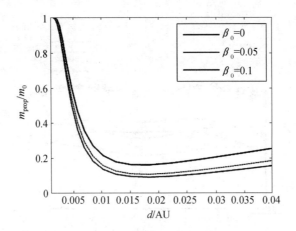

图 8.6　驻留距离与推进剂消耗

$$d(t) = d_1 + (d_2 - d_1) \frac{\cos(\omega t + \pi) + 1}{2}$$

$$(8.6)$$

$$\boldsymbol{r}(t) = \begin{bmatrix} d(t)\sin\delta_e\cos\omega t + (1 - \mu) \\ -d(t)\sin\delta_e\sin\omega t \\ d(t)\cos\delta_e \end{bmatrix}$$

$$(8.7)$$

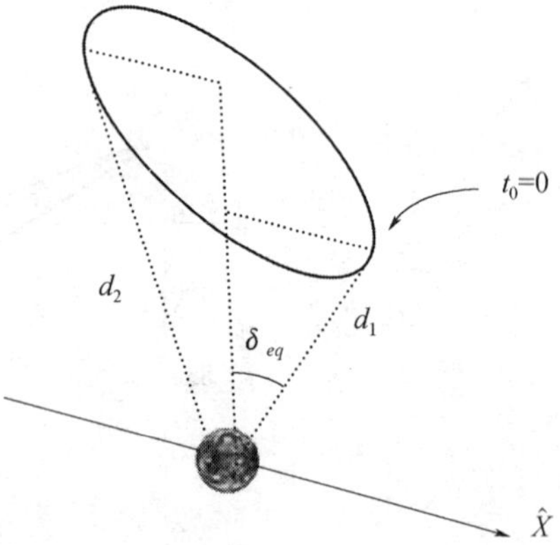

　　假设 $d_1 = 0.01\,\mathrm{AU}$，$d_2 = 0.015\,\mathrm{AU}$，通过仿真，可以得到一年内极地驻留需要施加的控制加速度（$\beta_0 = 0.05$），如图 8.8 所示。

图 8.7　驻留位置的变化情况

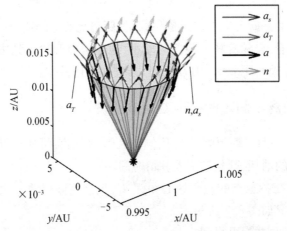

图 8.8　一年内驻留需要施加的控制加速度（驻留高度有变化）

一年内太阳帆和 SEP 分别提供的加速度如图 8.9 所示。其中,点线表示的是
SEP 提供的加速度,带圆圈的线表示的是完成极点驻留需要的总控制加速度。

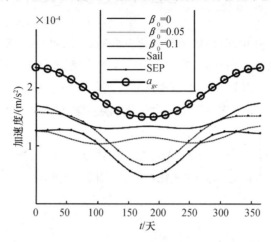

图 8.9　SEP 以及太阳帆提供的推力加速度(驻留高度有变化)

可见,SEP 需要提供的控制加速度在夏至附近有相当大的下降,这一项可显著
节约推进剂。

图 8.10 给出了航天器质量随时间的变化情况。与上面驻留高度不变的相对
比,可以发现推进剂的节省十分明显。

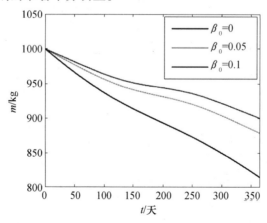

图 8.10　航天器质量变化(驻留高度有变化)

值得注意的是,这里推进剂的节约不仅是因为夏季驻留高度的提高,更主要的
是采用了这种倾斜驻留方式。通常对北极驻留的话,采用冬天驻留距离较近,夏天
较远的方式更为节省推进剂。

8.3　极地驻留轨道优化设计

由上面的分析可知,通过航天器驻留距离的设计,可有效减少极地驻留航天器控制所需要的推进剂。在实际应用中,还需要根据航天器上携带有效载荷的具体需求确定是采用固定驻留高度还是变化驻留高度。如果不考虑航天器上有效载荷的要求,则可利用优化方法寻找出一个最优的航天器驻留距离变化规律来,以实现推进剂的最省。

取 $\beta_0 = 0, 0.05, 0.1$、$d_{max} = 0.1\text{AU}$,在一年内取 60 个采样点进行优化,可以得到最节约能量的航天器地心距的变化情况,如图 8.11 所示。

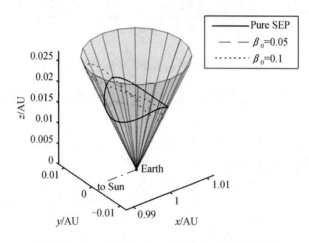

图 8.11　$\beta_0 = 0, 0.05, 0.1$ 三种情况下的最优路径

图 8.12 给出了 $\beta_0 = 0, 0.05, 0.1$ 三种情况下航天器地心距的变化情况。第一种情况,纯 SEP 推进(即 $\beta_0 = 0$)的情况下,最优路径夏冬呈对称分布,且随着 β_0 的增大,驻留轨道在冬天越发靠近地心,夏天越发远离地心;在 $\beta_0 = 0.1$ 时,夏天的距离是冬天的 2 倍。

图 8.13 和图 8.14 分别给出了最优路径情况下太阳帆和 SEP 需要提供的控制加速度以及航天器质量的变化情况。

由图 8.13 可知,对于纯 SEP

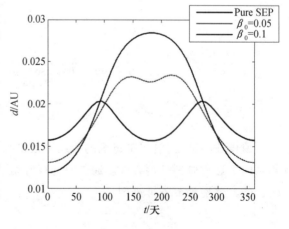

图 8.12　航天器地心距的变化情况

192

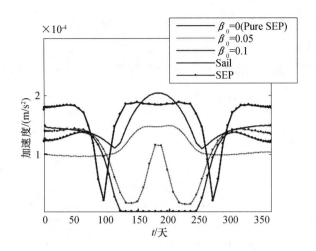

图 8.13　最优路径下太阳帆和 SEP 提供的控制加速度

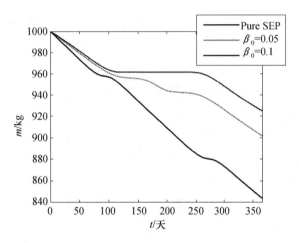

图 8.14　最优路径下航天器质量的变化情况

（即 $\beta_0 = 0$）控制情况下,控制加速度包括两个区域:一个跨越夏至点,一个跨越冬至点。在这两个区域内,SEP 提供的控制加速度几乎是恒定的。这两个区域被春分和秋分处的两个窄 V 形划分,在这两个 V 形区域内,SEP 需要提供的控制加速度变得很小,航天器沿 $\hat{z}$ 轴方向的运动出现逆转,即最小的控制加速度出现在航天器离地心最远的位置。

若 $\beta_0 = 0.05$,SEP 在 V 形区域内需要提供的加速度减小,同时夏至点附近的推力区域变短,而两个推力较小的区域扩展了。

对于 $\beta_0 = 0.1$ 的情况下,夏至点附近的推力区域消失,两段弹道式的弧段合并,即从春天一直延续到秋天。

由图 8.14 可知,采用太阳帆可有效降低推进剂的损耗。以一年为一个周期来看,纯 SEP 控制需要消耗 158kg 的推进剂,而采用 $\beta_0 = 0.05$ 的太阳帆,推进剂的消耗就降到了 97kg。

表 8.1 给出了 $\beta_0 = 0, 0.05, 0.1$ 下 3 种最优路径下各种参数的对比。

表 8.1　$\beta_0 = 0, 0.05, 0.1$ 下 3 种最优路径的参数对比

β_0	$\min\limits_{t} d(t) / \mathrm{AU}$	$\max\limits_{t} d(t) / \mathrm{AU}$	m_f / kg	m_{prop} / m_0	$T_{\max} / \mathrm{N}$
0.0	0.015675	0.020332	843.430417	0.156570	0.180648
0.05	0.013116	0.023422	901.896219	0.098104	0.141085
0.1	0.011896	0.028363	925.192867	0.074807	0.134256

表 8.1 中 $T_{\max}$ 为 SEP 提供的最大控制力。

8.4　小　结

地球静止轨道不能实现对高纬度和两极地区的覆盖,因此,一般情况下,为实现对这两个地区的连续覆盖必须利用多个航天器构成星座来实现,航天器数目要求多。极地驻留轨道通过轨道控制实现航天器在地球两极的长时间驻留,单颗即可实现对北半球或南半球高纬度(包括北极或者南极)的覆盖,在导航、通信、气象侦察等领域具有十分重要的应用价值。

当然,从前面的分析可以看出,这种轨道的缺陷也十分明显,由于其距离地球表面十分遥远,所以很难用于精度要求较高的侦察等领域。

附录　利用 Matlab 软件优化设计交会轨道

假设有 n 个目标航天器,它们的轨道均为圆轨道,那么就会在交会轨道平面内形成 $2n$ 个穿越点。按照穿越点的确定方法,可以将这 $2n$ 个穿越点的位置表示为如下形式:

$$(r_1,\phi_1),(r_1,\phi_1+\pi),(r_2,\phi_2),(r_2,\phi_2+\pi),\cdots,(r_n,\phi_n),(r_n,\phi_n+\pi)$$

如附图 1 所示。

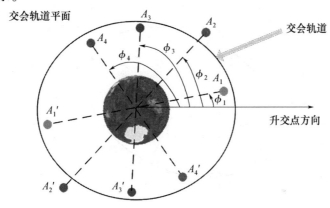

附图 1　穿越点在交会轨道平面上的分布

图中表示了 4 条目标航天器轨道在穿越交会轨道平面时形成的 4 对、8 个穿越点,即 $(A_1,A_1'),(A_2,A_2'),(A_3,A_3'),(A_4,A_4')$,它们相对与交会轨道的升交点方向的相位角分别为 $(\phi_1,\phi_1+\pi),(\phi_2,\phi_2+\pi),(\phi_3,\phi_3+\pi),(\phi_4,\phi_4+\pi)$。显然,可以利用曲线拟合的方法拟合出一条椭圆曲线,且要求该椭圆曲线的一个焦点位于地球球心,其近地点方向与升交点方向的关系如附图 2 所示。

如果交会轨道的轨道平面是确定的,这就意味着已知交会轨道的两个轨道要素,即轨道倾角 i 和升交点赤经 Ω,那么,还需要确定的轨道要素就是交会轨道的大小、形状以及在轨道平面内的指向,即长半轴 a、偏心率 e 和近地点幅角 ω。

按照开普勒第一定律可知,交会轨道为椭圆曲线,且地球在该椭圆的一个焦点上。在交会轨道平面上定义一个二维的基准坐标系 $O-XY$ 和一个二维的平移坐标系 $O'-X'Y'$,其中 OX 指向升交点方向;再沿交会轨道定义一个坐标系 $O'-X''Y''$,其中 $O'-X''$ 指向交会轨道的近地点方向,如附图 3 所示。

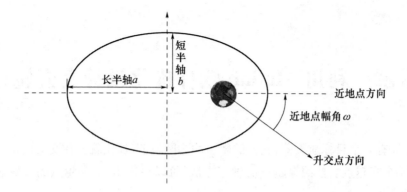

附图2　交会轨道参数示意图

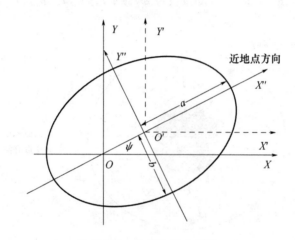

附图3　交会轨道示意图

可见,OX 轴与 $O'X''$ 轴的夹角 ψ 即为椭圆轨道的近地点幅角 ω。设椭圆长半轴为 a,短半轴为 b,椭圆中心在 O-XY 中的坐标为 (x_{c0}, y_{c0}),则有

$$a^2 - b^2 = c^2 = x_{c0}^2 + y_{c0}^2 \qquad (1)$$

已知在坐标系 O'-$X''Y''$中,交会轨道可以表示为如下椭圆方程:

$$\frac{x''}{a^2} + \frac{y''}{b^2} = 1 \qquad (2)$$

把式(2)转化到 O-XY 坐标系中,其转换关系为

$$\begin{bmatrix} x'' \\ y'' \end{bmatrix} = \begin{bmatrix} \cos(\psi) & \sin(\psi) \\ -\sin(\psi) & \cos(\psi) \end{bmatrix} \begin{bmatrix} x - x_{c0} \\ y - y_{c0} \end{bmatrix} \qquad (3)$$

整理可得以下约束条件:

196

$$\psi = \begin{cases} \arctan\left(\dfrac{y_{c0}}{x_{c0}}\right), x_{c0} > 0, y_{c0} > 0 \\[3mm] \pi + \arctan\left(\dfrac{y_{c0}}{x_{c0}}\right), x_{c0} < 0, y_{c0} > 0 \\[3mm] \pi + \arctan\left(\dfrac{y_{c0}}{x_{c0}}\right), x_{c0} < 0, y_{c0} < 0 \\[3mm] 2\pi + \arctan\left(\dfrac{y_{c0}}{x_{c0}}\right), x_{c0} > 0, y_{c0} > 0 \end{cases} \tag{4}$$

将式(3)代入式(2),整理得

$$A'x^2 + B'y^2 + C'xy + D'x + E'y + F' = 1 \tag{5}$$

其中:

$$A' = \frac{\cos^2\psi}{a^2} + \frac{\sin^2\psi}{b^2}, B' = \frac{\sin^2\psi}{a^2} + \frac{\cos^2\psi}{b^2}, C' = 2\cos\psi\sin\psi\left(\frac{1}{a^2} - \frac{1}{b^2}\right)$$

$$D' = \frac{1}{a^2}(-2x_{c0}\cos^2\psi - 2y_{c0}\cos\psi\sin\psi) + \frac{1}{b^2}(-2x_{c0}\sin^2\psi + 2y_{c0}\cos\psi\sin\psi)$$

$$E' = \frac{1}{a^2}(2x_{c0}\cos\psi\sin\psi - 2y_{c0}\sin^2\psi) + \frac{1}{b^2}(2x_{c0}\cos\psi\sin\psi - 2y_{c0}\cos^2\psi)$$

$$F' = \frac{1}{a^2}(x_{c0}^2\cos^2\psi + y_{c0}^2\sin^2\psi + 2x_{c0}y_{c0}\cos\psi\sin\psi) + \frac{1}{b^2}(x_{c0}^2\sin^2\psi +$$

$$y_{c0}^2\cos^2\psi - 2x_{c0}y_{c0}\cos\psi\sin\psi)$$

可见,A'、B'、C'、D'、E'、F'包含了$(a, b, \psi, x_{c0}, y_{c0})$5个参数。

令

$$A = \frac{A'}{1 - F'}, B = \frac{B'}{1 - F'}, C = \frac{C'}{1 - F'}, D = \frac{D'}{1 - F'}, E = \frac{E'}{1 - F'}$$

则交会轨道最终可表示为椭圆方程的一般形式,即

$$Ax^2 + By^2 + Cxy + Dx + Ey = 1 \tag{6}$$

结合式(1)和式(4)可知,式(6)中A、B、C、D、E只与(b, x_{c0}, y_{c0})3个参数有关。

根据不同的任务需求和穿越点的分布,可以设计出不同的交会轨道。本节提出以各穿越点与交会轨道的距离之和最小为优化设计指标来进行交会轨道的优化设计。设计方法如下:

假设给定一组穿越点$(x_1, y_1), \cdots, (x_n, y_n)$,记第$i$个穿越点与交会轨道的最小距离为$L_i$,则问题可以描述为:求取某一条交会轨道,即求取一组A、B、C、D、E,使得$\min\sum_{i=1}^{n} L_i$。由于A、B、C、D、E是参数(b, x_{c0}, y_{c0})的函数,所以,问题的求解就转

化为求取一组参数(b, x_{c0}, y_{c0}),使得$\min \sum_{i=1}^{n} L_i$。所以说,交会轨道的优化设计就是约束条件下的多参数优化设计问题。

下面就以 4 颗低轨卫星为例,按照上述设计方法设计一条能够对它们进行快速接近探测的交会轨道。4 颗目标卫星的轨道参数如附表 1 所列。

附表 1　四个目标卫星的轨道参数

序号	轨道高度/km	轨道倾角/(°)	升交点赤经/(°)
1.	715	57	30
2.	800	63	40
3.	850	99	60
4.	1100	63	70

假设交会轨道平面的轨道倾角选择 45°、升交点赤经选择 100°,则上述 4 颗目标卫星在交会轨道平面上形成的穿越点如附表 2 所列。

附表 2　穿越点在交会轨道平面内的坐标

	穿越点 1	穿越点 2	穿越点 3	穿越点 4
地心距 r/km	7093.1	7178.1	7228.1	7478.1
升交点幅角 ϕ/(°)	76.976	89.554	315.481	296.756
	穿越点 5	穿越点 6	穿越点 7	穿越点 8
地心距 r/km	7093.1	7178.1	7228.1	7478.1
升交点幅角 ϕ/(°)	256.976	269.554	135.481	116.756

利用 MATLAB 的优化工具箱,以穿越点与交会轨道的距离和最小为优化指标,优化设计出交会轨道在轨道平面内的轨道参数如附表 3 所列。

附表 3　交会轨道在轨道平面内的参数

长半轴 a	短半轴 b	x_{c0}	y_{c0}	近地点幅角 ω
7209.903 km	7209.88 km	15.18 km	−9.63 km	327.898°

如果将它们转换为轨道要素的形式,并结合交会轨道平面参数,则交会轨道的轨道参数如附表 4 所列。

附表 4　交会轨道的轨道要素

轨道倾角 i	升交点赤经 Ω	近地点幅角 ω	半长轴 a	偏心率 e
45°	100°	327.898°	7209.903 km	0.00249

8 个穿越点在交会轨道平面上的分布以及优化设计出的交会轨道如附图 4 所示。

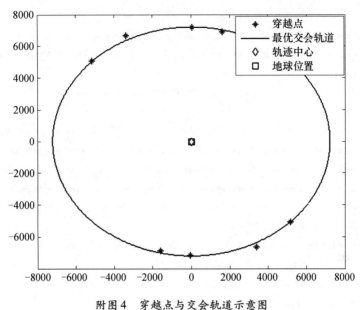

附图 4　穿越点与交会轨道示意图

8 个穿越点在交会轨道平面内的直角坐标及其距离交会轨道的最小距离,如附表 5 所列。

附表 5　穿越点距离交会轨道的最小距离

序号	穿越点	穿越点坐标/km	最小距离/km
1	穿越点 1	(1598.5,6910.6)	110.8348
2	穿越点 2	(55.875,7177.9)	22.24078
3	穿越点 3	(5153.8,-5068.0)	0.6784
4	穿越点 4	(3366.6,-6677.4)	252.752
5	穿越点 5	(-1598.5,-6910.6)	122.7575
6	穿越点 6	(-55875.0,-7177.9)	41.2657
7	穿越点 7	(-5153.8,5068.0)	35.8368
8	穿越点 8	(-3366.6,667.74)	283.6231

参 考 文 献

［1］ Jeannette Heiligers, Matteo Ceriotti, Colin R. McInnes, et al. Displaced Geostationary Orbit Design Using Hybrid Sail Propulsion［J］. JOURNAL OF GUIDANCE, CONTROL, AND DYNAMICS, 2011, 34（6）: 1852 – 1866.

［2］ Classification of Geosynchronous objects, issue 15［R］. European Space Agency, European Space Operations Center, 2013.

［3］ Union of Concerned Scientists. UCS Satellite Database［EB/OL］. http: // www. ucsusa. Org/ nuclear_ – weap – ons_and_global_security/ space_weapons/ technical_issues/ ucs – satellite – database. html.

［4］ Union of Concerned Scientists. UCS Satellite Database［EB/OL］. http: // www. ucsusa. Org/ nuclear_ – weap – ons_and_global_security/ space_weapons/ technical_issues/ ucs – satellite – database. html.

［5］ NASA Goddard Space Flight Center. On – Orbit Satellite Servicing Study Project Report［EB/OL］. http:// servicingstudy. gsfc. nasa. gov/, 2011 – 10.

［6］ Matteo Ceriotti, Colin R. McInnes. An Earth Pole – Sitter Using Hybrid Propulsion［C］. AIAA/AAS Astrodynamics Specialist Conference. Canada: 2010:1 – 29.

［7］ James R. Wertz, Microcosm. Coverage, Responsiveness, and Accessibility for Various "Responsive Orbits" ［C］. 3rd Responsive Space Conference. Los Angeles: 2005.

内 容 简 介

本书是航天器轨道与控制领域的一本专著,重点围绕空间特殊轨道的设计方法展开论述。随着空间任务不断拓展,传统的轨道理论和设计方法已经无法满足要求。本书在总结当前空间活动趋势的基础上,给出了空间特殊轨道的概念及其应用;重点阐述了悬停轨道、螺旋巡游轨道、基于穿越点的多目标交会轨道以及主动接近轨道的理论与设计方法;跟踪国外最新研究成果,介绍了快速响应轨道、极地驻留轨道的理论与设计方法。

本书可作为相关科研院所的科研人员、相关院校的研究生以及从事航天器总体的研究人员的参考书。

Abstract

The book is focus on the theory and design method of special space orbit. With the developing human need and the progress in space technique, the classical orbit theory and design method cannot satisfy the new needs any more. In this book, the concept of special space orbit is put forward, theory and design methods of hovering orbit, spiral cruising orbit, multi-target rendezvous orbit, initiative approaching orbit are expatiated; and also, responsiveorbit and polar stay orbit is introduced simply.

Hopefully, it would be useful for engineers and scientists related.